建筑施工安全技术与管理研究

韩德祥　蒋春龙　杜明兴 ◎著

吉林科学技术出版社

图书在版编目（CIP）数据

建筑施工安全技术与管理研究 / 韩德祥，蒋春龙，杜明兴著. -- 长春 : 吉林科学技术出版社，2022.8
ISBN 978-7-5578-9472-6

Ⅰ. ①建… Ⅱ. ①韩… ②蒋… ③杜… Ⅲ. ①建筑工程－工程施工－安全技术－研究②建筑施工－安全管理－研究 Ⅳ. ①TU714

中国版本图书馆 CIP 数据核字(2022)第 115987 号

建筑施工安全技术与管理研究

著　　韩德祥　蒋春龙　杜明兴
出 版 人　宛　霞
责任编辑　杨雪梅
封面设计　金熙腾达
制　　版　金熙腾达
幅面尺寸　185mm×260mm
开　　本　16
字　　数　303 千字
印　　张　13.25
印　　数　1-1500 册
版　　次　2022年8月第1版
印　　次　2022年8月第1次印刷

出　　版　吉林科学技术出版社
发　　行　吉林科学技术出版社
地　　址　长春市南关区福祉大路5788号出版大厦A座
邮　　编　130118
发行部电话/传真　0431-81629529　81629530　81629531
　　81629532　81629533　81629534
储运部电话　0431-86059116
编辑部电话　0431-81629510
印　　刷　廊坊市印艺阁数字科技有限公司

书　　号　ISBN 978-7-5578-9472-6
定　　价　58.00 元

前言

长期以来，建筑业一直是危险性高、事故多发的行业之一。尽管近年来我国建筑业安全生产呈现总体稳定持续好转的发展态势，但建筑施工安全形势依然严峻。作为土木工程、工程管理等土建类专业就业岗位之一的安全技术管理人员，肩负着施工现场安全管理的重要职责，在建筑安全施工中发挥着至关重要的作用。培养合格的安全技术管理人员，提高安全员的职业素质和职业技能，是推进建筑施工企业安全管理科学化、规范化、系统化的根本保障。

随着《建设工程安全生产管理条例》和《建筑工程安全检查标准》等法律法规在施工现场不断深入的推广和各种新材料、新工艺的应用，建筑施工现场的各种安全硬件设施基本都能达到规范要求。建筑施工现场安全技术资料是建筑施工企业按规定要求，在施工管理过程中所建立与形成的应当归档保存的资料。资料管理工作的科学化、标准化、规范化，可不断地推动现场施工安全管理向更高的层次和水平发展，使施工现场整体管理水平进一步得到提高，保证了施工现场安全技术资料的原始性和真实性。

本书立足于建筑施工安全技术管理活动，首先介绍了建筑工程与建筑施工安全方面的基础知识，然后阐述了建筑施工安全各项技术管理的具体措施，最后介绍了建筑施工安全常用护具，并对建筑施工安全生产保证工作进行了简要介绍，以期能够提升建筑施工安全技术管理整体水平，为项目的顺利开展创设条件，保证建筑施工从业人员安全和避免财产损失，促进建筑业长期持续发展。

撰写本书过程中，参考和借鉴了一些知名学者和专家的观点及论著，在此向他们表示深深的感谢。由于水平和时间所限，书中难免会出现不足之处，希望各位读者和专家能够提出宝贵意见，以待进一步修改，使之更加完善。

目 录

第一章　建筑工程概述

第一节　建设项目与工程技术管理

一、建设项目的划分

建设项目，又称基本建设项目。凡是在一个场地上或几个场地上按一个总体设计组织施工，建成后具有完整的系统，可以独立地形成生产能力或使用价值的建设工程，称为一个建设项目。对于每一个建设项目，都编有计划任务书和独立的总体设计。例如，在工业建设中，一般一个工厂就为一个建设项目；在民用建设中，一般一个学校、一所医院即为一个建设项目。对大型分期建设的工程，如果分为几个总体设计，就是几个建设项目。

（一）建设项目的划分

1. 单项工程

单项工程是建设项目的组成部分。一个建设项目可以是一个单项工程，也可能包括几个单项工程。单项工程是具有独立的设计文件，建成后可以独立发挥生产能力或效益的工程。生产性建设项目的单项工程一般是指能独立生产的车间，包括土建工程、设备安装、电气照明工程、工业管道工程等。非生产性建设项目的单项工程，如一所学校的办公楼、教学楼、图书馆、食堂、宿舍等。

2. 单位工程

单位工程是单项工程的组成部分，一般指不独立发挥生产能力，但具有独立施工条件的工程。如车间的土建工程是一个单位工程，车间的设备安装又是一个单位工程。此外，还有电气照明工程、工业管道工程、给水排水工程等单位工程。非生产性建设项目一般一个单项工程即为一个单位工程。

3. 分部工程

分部工程是单位工程的组成部分，一般是按单位工程的各个部位划分的，例如，房屋建筑单位工程可划分为基础工程、主体工程、屋面工程等；也可以按照工种工程来划分，如土石工程、钢筋混凝土工程、砖石工程、装饰工程等。

4. 分项工程

分项工程是分部工程的组成部分。如钢筋混凝土工程可划分为模板工程、钢筋工程、混凝土工程等分项工程；一般墙基工程可划分为开挖基槽、铺设垫层、做基础、做防潮层等分项工程。

（二）项目划分的目的和意义

可以更清晰地认识和分解建筑；方便开展相关工作。比如，设计是在总体设计的基础上，一般是以一个单项工程进行组织设计的；建筑工程施工是按分项工程、分部工程开展的；造价预算定额是按分部分项工程量取费的；工程验收分为过程验收与竣工验收，过程验收一般是从分项工程到分部工程，再到单位工程进行的。

二、基本建设程序与工程建设管理体制

基本建设程序是拟建建设项目在整个建设过程中各项工作的先后次序，是几十年来我国基本建设工作实践经验的科学总结。基本建设程序一般可划分为决策、准备、实施三个阶段。

（一）基本建设项目的决策阶段

这个阶段要根据国民经济增长、中期发展规划，进行建设项目的可行性研究，编制建设项目的计划任务书（又叫设计任务书）。其主要工作包括调查研究、经济论证、选择与确定建设项目的地址、规模、时间要求等。

1. 项目建议书阶段

项目建议书是向国家提出建设某一项目的建设性文件，是对拟建项目的初步设想。

（1）作用

项目建议书的主要作用是通过论述拟建项目的建设必要性、可行性，以及获利、获益的可能性，向国家推荐建设项目，供国家选择并确定是否进行下一步的工作。

（2）基本内容

①拟建项目的必要性和依据；②产品方案，建设规模，建设地点初步设想；③建设条件初步分析；④投资估算和资金筹措设想；⑤项目进度初步安排；⑥效益估计。

（3）审批

项目建议书根据拟建项目规模报送有关部门审批。

大中型及限额以上项目的项目建议书，先报行业归口主管部门，同时抄送国家发展和改革委员会。行业归口主管部门初审同意后报国家发展和改革委员会，国家发展改革委员会根据建设总规模、生产总布局、资源优化配置、资金供应可能、外部协作条件等方面进行综合平衡，还要委托具有相应资质的工程咨询单位评估后审批。重大项目由国家发展和改革委员会报国务院审批。小型和限额以下项目的项目建议书，按项目隶属关系由部门或地方发展和改革委员会审批。

项目建议书批准后，项目即可列入项目建设前期工作计划，可以进行下一步的可行性研究工作。

2. 可行性研究阶段

可行性研究是指在项目决策之前，通过调查、研究、分析与项目有关的工程、技术、经济等方面的条件和情况，对可能的多种方案进行比较论证，同时对项目建成后的经济效益进行预测和评价的一种投资决策分析研究方法和科学分析活动。

（1）作用

可行性研究的主要作用是为建设项目投资决策提供依据，同时也为建设项目设计、银行贷款、申请开工建设、建设项目实施、项目评估、科学实验、设备制造等提供依据。

（2）基本内容

可行性研究是从项目建设和生产经营全过程分析项目的可行性，主要解决项目建设是否必要、技术方案是否可行、生产建设条件是否具备、项目建设是否经济合理等问题。

（3）可行性研究报告

可行性研究的成果是可行性研究报告。批准的可行性研究报告是项目最终决策文件。可行性研究报告经有关部门审查通过，拟建项目正式立项。

（二）基本建设项目的准备阶段

1. 建设单位施工准备阶段

工程开工建设之前，应当切实做好各项施工准备工作。其中包括：组建项目法人；征地、拆迁；规划设计；组织勘察设计；建筑设计招标；建筑方案确定；初步设计（或扩大初步设计）和施工图设计；编制设计预算；组织设备、材料订货；建设工程报监理；委托工程监理；组织施工招标投标，优选施工单位；办理施工许可证；编制分年度的投资及项目建设计划等。

这里仅介绍勘察与设计阶段的工作过程与内容。

（1）勘察阶段

由建设单位委托有相应资质的勘察单位，针对拟开发的地段，根据拟建建筑的具体位置、层数、建设高度等，进行现场土地钻探的活动。然后在实验室进行土力学实验，得出地下水位高度，每一土层的名称、空间分布与变化、地基承载力大小，并对该场地做出哪一土层作为持力层的建议、建设场地适宜性评价、抗震评价等。最后以工程地质与水文地质勘探报告文件的形式提交给建设单位的有偿活动。设计单位以勘察报告的数据作为基础设计、地基处理的依据。

（2）设计阶段

设计单位接受建设单位的委托，或设计投标中标后，建设项目不超设计资质、符合城市规划的前提下，满足建设单位的功能要求或技术经济指标，同时满足建设法律法规、结构安全、防火安全、建筑节能等一系列要求后，以设计文件的形式提交给建设单位的有偿经济活动。设计是对拟建工程在技术和经济上进行全面的安排，是工程建设计划的具体化，是决定投资规模的关键环节，是组织施工的依据。设计质量直接关系到建设工程的质量，是建设工程的决定性环节。

经批准立项的建设工程，一般应通过招标投标择优选择设计单位。

一般工程进行两阶段设计，即初步设计和施工图设计。有些工程，根据需要可在两阶段之间增加技术设计。

①初步设计

是根据批准的可行性研究报告和设计基础资料，对工程进行系统研究，概略计算，做出总体安排，拿出具体实施方案。目的是在指定的时间、空间等限制条件下，在总投资控制的额度内和质量要求下，做出技术上可行、经济上合理的设计，并编制工程总概算。

初步设计不得随意改变批准的可行性研究报告所确定的建设规模、产品方案、工程标准、建设地址和总投资等基本条件。如果初步设计提出的总概算超过可行性研究报告总投资的 10% 以上或者其他主要指标需要变更时，应重新向原审批单位报批。

②技术设计

为了进一步解决初步设计中的重大问题，如工艺流程、建筑结构、设备选型等，根据初步设计和进一步的调查研究资料进行技术设计。这样做可以使建设工程更具体、更完美，技术指标更合理。

③施工图设计

在初步设计或技术设计基础上进行施工图设计，使设计达到施工安装的要求。施工图设计应结合实际情况，完整、准确地表达出建筑物的外形、内部空间的分割、结构体系以及建筑系统的组成和周围环境的协调。

在设计单位，设计图纸是以建筑、结构、设备、电气等专业人员完成各个专业的施工图，设计完成后，进行校对、审核、专业会签等一系列环节，最后一套图纸（一般以单项工程为单位）按一定的序列排列，装订成册后提交给委托单位。《建设工程质量管理条例》

规定，建设单位应将施工图设计文件报县级以上人民政府建设行政主管部门或其他有关部门审查，未经审查批准的施工图设计文件不得使用。

2. 施工单位施工准备阶段

工程项目施工准备工作按其性质及内容通常包括技术准备、物资准备、劳动组织准备、施工现场准备和施工场外准备。

（1）技术准备

技术准备是施工准备的核心。具体有如下内容：

①熟悉、审查施工图纸和有关的设计资料

熟悉、审查设计图纸的程序通常分为自审阶段、会审阶段和现场签证三个阶段。

设计图纸的自审阶段。施工单位收到拟建工程的设计图纸和有关技术文件后，应组织有关的工程技术人员对图纸进行自审。记录对设计图纸的疑问和有关建议等。

设计图纸的会审阶段。一般由建设单位主持，由设计单位、施工单位和监理单位参加，四方共同进行设计图纸的会审。图纸会审时，首先，由设计单位的工程主持人向与会者说明拟建工程的设计依据、意图和功能要求，并对特殊结构、新材料、新工艺和新技术提出要求；其次，施工单位根据自审记录以及对设计意图的了解，提出对设计图纸的疑问和建议；最后，在统一认识的基础上，对所探讨的问题逐一地做好记录，形成“图纸会审纪要”，由建设单位正式行文，参加单位共同会签、盖章，作为与设计文件同时使用的技术文件和指导施工的依据，以及建设单位与施工单位进行工程结算的依据。

设计图纸的现场签证阶段。在施工过程中，如果发现施工的条件与设计图纸的条件不符，或者发现图纸中仍然有错误，或者因为材料的规格、质量不能满足设计要求，或者因为施工单位提出了合理化建议，需要对设计图纸进行及时修订时，应遵循技术核定和设计变更的签证制度，进行图纸的施工现场签证。如果设计变更的内容对拟建工程的规模、投资影响较大时，要报请项目的原批准单位批准。在施工现场的图纸修改、技术核定和设计变更资料，都要有正式的文字记录，归入拟建工程施工档案，作为指导施工、工程结算和竣工验收的依据。

②原始材料的调查分析

自然条件的调查分析。建设地区自然条件的调查分析的主要内容有：地区水准点和绝对标高等情况；地质构造、土的性质和类别、地基土的承载力、地震级别和抗震设防烈度等情况；河流流量和水质、最高洪水和枯水期的水位等情况；地下水位的高低变化，含水层的厚度、流向、流量和水质等情况；气温、雨、雪、风和雷电等情况；土的冻结深度和冬雨期的期限等情况。

技术经济条件的调查分析。建设地区技术经济条件的调查分析的主要内容有：当地施工企业的状况；施工现场的动迁状况；当地可以利用的地方材料的状况；地方能源和交通运输状况；地方劳动力的技术水平状况；当地生活供应、教育和医疗卫生状况；当地消防、治安状况和施工承包企业的力量状况等。

③编制施工图预算和施工预算

编制施工图预算。这是按照工程预算定额及其取费标准而确定的有关工程造价的经济文件，它是施工企业签订工程承包合同、工程结算、建设单位拨付工程款、进行成本核算、加强经营管理等方面工作的重要依据。

编制施工预算。施工预算是根据施工图预算、施工定额等文件进行编制的，它直接受施工图预算的控制。它是施工企业内部控制各项成本支出、考核用工、“两算”对比、签发施工任务单、限额领料、基层进行经济核算的依据。

④编制施工组织设计

施工组织设计是指导施工的重要技术文件。由于建筑工程的技术经济特点，建筑工程没有一个通用型的、一成不变的施工方法，所以，每个工程项目都要分别确定施工方案和施工组织方法，也就是要分别编制施工组织设计，作为组织和指导施工的重要依据。

（2）物资准备

根据各种物资的需要计划，分别落实货源，安排运输和储备，使其满足连续施工的要求。物资准备主要包括建筑材料的准备、构（配）件和制品加工的准备；建筑机具安装的准备和生产工艺设备的准备。

（3）劳动组织准备

劳动组织准备的范围既有整个的施工企业的劳动组织准备，又有大型综合的拟建建设项目的劳动组织准备，也有小型简单的拟建单位工程的组织准备。

这里仅以一个拟建工程项目为例，说明其劳动组织准备工作的内容：①建立拟建工程项目的领导机构；②建立精干的施工队伍；③集结施工力量、组织劳动力进场，进行安全、防火和文明施工等方面的教育，并安排好职工的生活；④向施工队组、工人进行施工组织设计、计划和技术交底；⑤建立健全各项管理制度。

工地的各项管理制度是否建立健全，直接影响其各项施工活动的顺利进行。其内容通常有：工程质量检查与验收制度；工程技术档案管理制度；材料（构件、配件、制品）的检查验收制度；技术责任制度；施工图纸学习与会审制度；技术交底制度；职工考勤、考核制度；工地及班组经济核算制度；材料出入库制度；安全操作制度；机具使用保养制度。

（4）施工现场准备

①做好施工场地的控制网测量；②搞好“三通一平”，即路通、水通、电通和平整场地；③做好施工现场的补充勘探；④建造临时设施。做好构（配）件、制品和材料的储存和堆放；⑤安装、调试施工机具；⑥及时提供材料的试验申请计划；⑦做好冬、雨期施工安排；⑧进行新技术项目的试制和试验。⑨设置消防、保安设施。

（5）施工场外准备

①材料的加工和订货；②做好分包工作和签订分包合同；③向有关部门提交开工申请报告。

施工单位按规定做好各项准备，具备开工条件以后，建设单位向当地建设行政主管部门提交开工申请报告。经批准，项目进入施工安装阶段。

（三）基本建设项目的实施阶段

这个阶段主要是依据设计图纸进行施工，做好生产或使用准备，进行竣工验收，交付生产或使用。

1. 施工安装阶段

建设工程具备了开工条件并取得施工许可证后才能开工。

按照规定，工程新开工时间是指建设工程设计文件中规定的任何一项永久性工程第一次正式破土开槽的开始日期。不需要开槽的工程，以正式打桩的日期作为正式开工的日期。铁路、公路、水库等需要进行大量土石方工程的，以开始进行土石方工程作为正式开工日期。工程地质勘查、平整场地、旧建筑物拆除、临时建筑或设施等的施工不算正式开工。

本阶段的主要任务是按设计进行施工安装，建成工程实体。

在施工安装阶段，施工承包单位应当认真做好图纸会审工作，参加设计交底，了解设计意图，明确质量要求；选择合适的材料供应商；做好人员培训；合理组织施工；建立并落实技术管理、质量管理体系和质量保证体系；严格把好中间质量验收和竣工验收环节。

2. 生产准备阶段

工程投产前，建设单位应当做好各项生产准备工作。生产准备阶段是由建设阶段转入生产经营阶段的重要衔接阶段。在本阶段，建设单位应当做好相关工作的计划、组织、指挥、协调和控制工作。

生产准备阶段的主要工作有：组建管理机构，制定有关制度和规定；招聘并培训生产管理人员，组织有关人员参加设备安装、调试、工程验收；签订供货及运输协议；进行工具、器具、备品、备件等的制造或订货；其他需要做好的有关工作。

3. 竣工验收阶段

建设工程按设计文件规定的内容和标准全部完成，并按规定将工程内外全部清理完毕后，达到竣工验收条件，建设单位即可组织竣工验收，勘察、设计、施工、监理等有关单位应参加竣工验收。竣工验收是考核建设成果、检验设计和施工质量的关键步骤，是由投资成果转入生产或使用的标志。竣工验收合格后，建设工程方可交付使用。

竣工验收后，建设单位应及时向建设行政主管部门或其他有关部门备案并移交建设项目档案。

建设工程自办理竣工验收手续后，因勘察、设计、施工、材料等造成的质量缺陷，应及时修复，费用由责任方承担。保修期限、返修和损害赔偿应当遵照《建设工程质量管理条例》的规定。

我国的基本建设程序如图 1-1 所示。

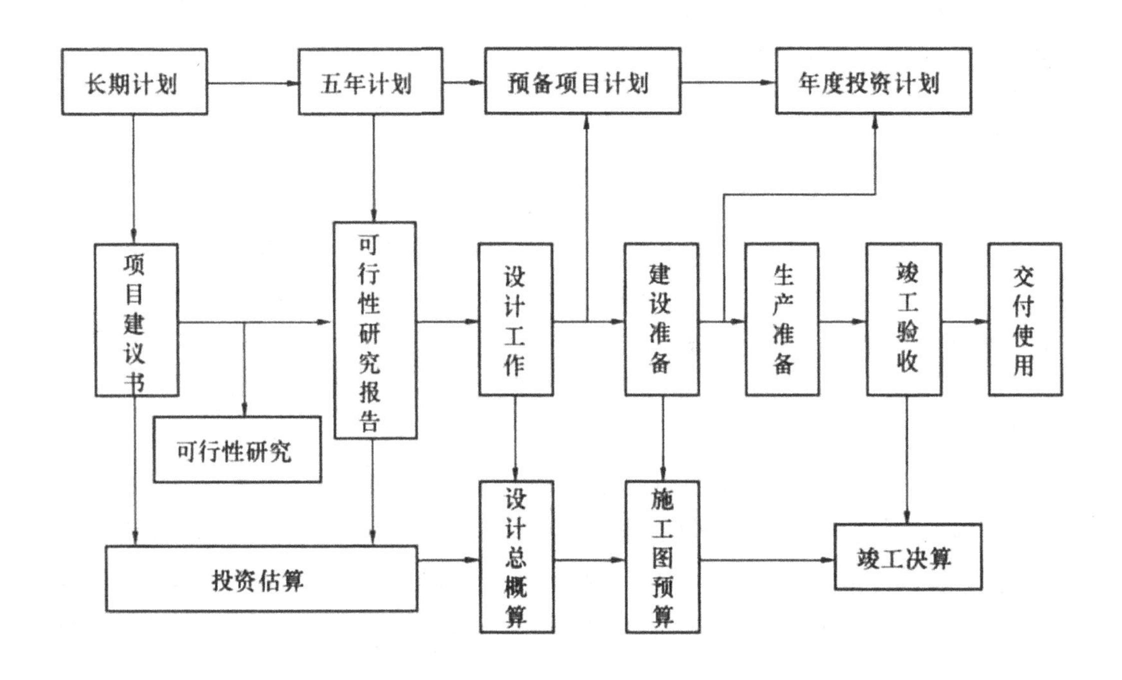

图 1-1　基本建设程序

（四）工程建设管理体制

我国工程建设管理体制改革的目标是：改革市场准入、项目法人责任、招标投标、勘察设计、工程监理、合同管理、工程质量监督和建筑安全生产管理等制度，建立单位资质与个人执业注册管理相结合的市场准入制度，对政府投资工程严格实行四项基本制度，建立通过市场竞争形成工程价格的机制，完善工程风险管理制度，将建设市场的运行管理逐步纳入法制化轨道。按照国家有关规定，在工程建设中应该严格执行四项基本制度，即项目法人责任制、招标投标制、工程监理制和合同管理制等主要制度。这些制度相互关联、互相支持，共同构成了建设工程管理制度体系。

1. 工程建设项目法人责任制度

国有单位经营性大中型项目在建设阶段必须组建项目法人。项目法人可按《公司法》的规定设立有限责任公司（包括国有独资公司）和股份有限公司形式。项目法人对项目的策划、资金筹措、建设实施、生产经营、债务偿还和资产的保值增值，实行全过程负责。

2. 工程建设的招标投标制度

大型基础设施、公用事业等关系社会公共利益、公众安全的项目；全部或者部分使用国有资金投资或者国家融资的项目；使用国际组织或者外国政府贷款、援助资金的项目等必须进行招标。招标范围包括工程建设的勘察、设计、施工、监理、材料设备的招标投标。大中型工程建设项目的施工，凡纳人国家或地方财政投资的工程建设项目，可实行国内公开招标；凡利用外资或国际间贷款的工程建设项目，可实行国际招标。

3. 建设项目必须实行工程监理制度

国家重点建设工程；大中型公用事业工程；成片开发建设的住宅小区工程；利用外国政府或者国际组织贷款、援助资金的工程等必须实行监理。工程监理是由具有相应工程监理资质的监理单位按国家有关规定受项目法人委托，对施工承包合同的执行、安全施工、工程质量、进度、费用等方面进行监督与管理。监理单位和监理人员必须全面履行监理服务合同和施工合同规定的各项监理职责，不得损害项目法人和承包人的合法利益。

4. 合同管理制度

建设项目的勘察设计、施工、工程监理以及与工程建设有关的重要建筑材料、设备采购，必须遵循诚实信用原则，依法签订合同，通过合同明确各自的权利、义务。合同当事人应当加强对合同的管理，建立相应的制度，严格履行合同。各级相应工程主管部门应依照法律法规，加强对合同执行情况的监督。

第二节　建筑与建筑分类

一、建筑的基本概念

建筑是建筑物和构筑物的通称。具体说，供人们进行生产、生活或其他活动的房屋或场所称为建筑物，如住宅、医院、学校、商店等；人们不能直接在其内进行生产、生活的建筑称为构筑物，如水塔、烟囱、桥梁、堤坝、纪念碑等。无论是建筑物还是构筑物，都是为了满足一定功能，运用一定的物质材料和技术手段，依据科学规律和美学原则而建造的相对稳定的人造空间。

建筑通常是由三个基本要素构成，即建筑功能、建筑物质技术条件和建筑形象，简称“建筑三要素”。

（一）建筑功能

建筑功能是指建筑物在物质精神方面必须满足的使用要求。建筑的功能要求是建筑物最基本的要求，也是人们建造房屋的主要目的。不同的功能要求产生了不同的建筑类型，例如，各种生产性建筑、居住建筑、公共建筑等。而不同的建筑类型又有不同的建筑特点。所以，建筑功能是决定各种建筑物性质、类型和特点的主要因素。

建筑功能要求是随着社会生产和生活的发展而发展的，从构木为巢到现代化的高楼大厦，从手工业作坊到高度自动化的大工厂，建筑功能越来越复杂多样，人们对建筑功能的要求也越来越高。

（二）建筑物质技术条件

建筑物质技术条件包括材料、结构、设备和建筑生产技术（施工）等重要内容。材料和结构是构成建筑空间环境的骨架，设备是保证建筑物达到某种要求的技术条件，而建筑生产技术则是实现建筑生产的过程和方法。例如，钢材、水泥和钢筋混凝土的出现，从材料上解决了现代化建筑中大跨、高层的结构问题；电脑和各种自动控制设备的应用，解决了现代建筑中各种复杂的使用要求；而先进的施工技术，又使这些复杂的建筑得以实现。所以，它们都是达到建筑功能要求和艺术要求的物质技术条件。

建筑的物质技术条件受社会生产水平和科学技术水平制约。建筑在满足社会的物质要求和精神要求的同时，也会反过来向物质技术条件提出新的要求，推动物质技术条件进一步发展。物质技术条件是建筑发展的重要因素，只有在物质技术条件具有一定水平的情况下，建筑的功能要求和艺术审美要求才有可能充分实现。

（三）建筑形象

根据建筑的功能和艺术审美要求，并考虑民族传统和自然环境条件，通过物质技术条件的创造，构成一定的建筑形象。构成建筑形象的因素，包括建筑群体和单体的体形、内部和外部的空间组合、立面构图、细部处理、材料的色彩和质感以及光影和装饰的处理等。如果对这些因素处理得当，就能产生良好的艺术效果，给人以一定的感染力，例如，庄严雄伟、朴素大方、轻松愉快、简洁明朗、生动活泼等。

建筑形象并不单纯是一个美观问题，它还常常反映社会和时代的特征，表现出特定时代的生产水平、文化传统、民族风格和社会精神面貌，表现出建筑物一定的性格和内容。例如，埃及的金字塔、希腊的神庙、中世纪的教堂、中国古代的宫殿、近代出现的摩天大楼等，它们都有不同的建筑形象，反映着不同的社会文化和时代背景。

三个基本构成要素，满足功能要求是建筑的首要目的，材料、结构、设备等物质技术条件是达到建筑目的的手段，而建筑形象则是建筑功能、技术和艺术内容的综合表现。

二、建筑分类

（一）按建筑物的用途分类

建筑分为工业建筑与民用建筑。民用建筑根据使用功能可分为居住建筑和公共建筑。

1. 工业建筑

工业建筑主要供工业生产用的建筑物，如冶金、机械、食品、纺织等。各类型中又有很多不同的工厂，如纺织印染厂、食品加工厂、机械制造厂等。

2. 居住建筑

居住建筑主要指供家庭和集体生活起居用的建筑物，包括各种类型的住宅、公寓和宿舍等。

3. 公共建筑

公共建筑主要指供人们从事各种政治、文化、福利服务等社会活动用的公共建筑物，如展览馆、医院等。

（二）按使用功能分类

公共建筑按使用功能的特点，可分为以下建筑类型：①生活服务性建筑：食堂、菜场、浴室、服务站等；②科研建筑：研究所、科学试验楼等；③医疗建筑：医院、门诊所、疗养院等；④商业建筑：超市、商场等；⑤行政办公建筑：各种办公楼、写字楼等；⑥交通建筑：火车站、客运站、航空港、地铁站等；⑦通信广播建筑：邮电所、广播电台、电视塔等；⑧体育建筑：体育馆、体育场、游泳池等；⑨观演建筑：电影院、剧院、杂技场等；⑩展览建筑：展览馆、博物馆等；⑪旅馆建筑：各类旅馆、宾馆等；⑫园林建筑：公园，动、植物园等；⑬纪念性建筑：纪念堂、纪念碑等；⑭文教建筑：学校、图书馆等；⑮托幼建筑：托儿所、幼儿园等；

（三）按建筑高度分类

1. 高层建筑

高层建筑是指建筑高度大于 27m 的住宅建筑和建筑高度大于 24m 的非单层厂房、仓库和其他民用建筑。裙房是指在高层建筑主体投影范围外，与建筑主体相连且建筑高度不大于 24m 的附属建筑。

2. 单多层建筑

高层建筑以外的建筑。

3. 超高层建筑

建筑物高度超过 100m 时，不论住宅或公共建筑均称为超高层建筑。

（四）按建筑结构类型分类

1. 砌体结构建筑

用砌体块材（各种砖、砌块、石等）与砂浆砌筑成墙体，用钢筋混凝土楼板和钢筋混凝土屋面板建造的建筑。

2. 混凝土结构建筑

主要承重构件全部采用钢筋混凝土建造的建筑。

3. 钢结构建筑

主要承重构件全部采用钢材建造的建筑。

4. 木结构建筑

承重材料或包括围护材料主要由木材建造的建筑。

第三节　建筑材料与建筑构造

一、建筑材料简介

（一）建筑工程材料分类

构成各类建筑物和构筑物的材料称为建筑工程材料，它包括地基基础、梁、板、柱、墙体、屋面、地面等所有用到的各种材料。

建筑工程材料有不同的分类方法，如按建筑工程材料的功能与用途分类，可以分为结构材料、防水材料、保温材料、吸声材料、装饰材料、地面材料、屋面材料等；按化学成分分类，可将建筑材料分为无机材料、有机材料和复合材料，见表 1-1。

表 1-1　建筑材料分类

<table>
<tr><td rowspan="15">建筑材料</td><td rowspan="8">无机材料</td><td rowspan="2">金属材料</td><td colspan="2">黑色金属：钢、铁</td></tr>
<tr><td colspan="2">有色金属：铝、铝合金、铜、铜合金等</td></tr>
<tr><td rowspan="6">非金属材料</td><td colspan="2">天然石材：花岗石、石灰石、大理石、砂岩石、玄武石等</td></tr>
<tr><td colspan="2">烧结与熔融制品：烧结砖、陶瓷、玻璃、岩棉等</td></tr>
<tr><td rowspan="2">胶凝材料</td><td>水硬性胶凝材料：各种水泥等</td></tr>
<tr><td>气硬性胶凝材料：石灰、石膏、水玻璃、菱苦土等</td></tr>
<tr><td colspan="2">混凝土及砂浆制品等</td></tr>
<tr><td colspan="2">硅酸盐制品等</td></tr>
<tr><td rowspan="3">有机材料</td><td colspan="3">植物材料：木材、竹材及其制品等</td></tr>
<tr><td colspan="3">合成高分子材料：塑料、涂料、胶黏剂、密封材料等</td></tr>
<tr><td colspan="3">沥青材料：石油沥青、煤沥青及其制品等</td></tr>
<tr><td rowspan="4">复合材料</td><td rowspan="2">无机材料基复合材料</td><td colspan="2">混凝土、砂浆、钢筋混凝土等</td></tr>
<tr><td colspan="2">水泥刨花板、聚苯乙烯、泡沫混凝土等</td></tr>
<tr><td rowspan="2">有机材料基复合材料</td><td colspan="2">沥青混凝土、树脂混凝土、玻璃纤维增强塑料（玻璃钢）等</td></tr>
<tr><td colspan="2">胶合板、竹胶板、纤维板等</td></tr>
</table>

这里仅对建筑工程大量使用的建筑钢材、水泥、混凝土进行简单介绍。

（二）建筑钢材

建筑钢材是指用于钢结构的各种材料（如圆钢、角钢、工字钢等）、钢板、钢管和用于钢筋混凝土中的各种钢筋、钢丝等。钢材具有强度高、有一定的塑性和韧性、有承受冲击和振动荷载的能力、可以焊接和铆接、便于装配等特点，因此，在建筑工程中大量使用钢材作为结构材料。用型钢制作钢结构，安全性大，自重轻，适用于大跨度及多层、高层结构；用钢筋制作的钢筋混凝土结构，虽自重较大，但用钢量较少，还克服了钢结构因锈蚀而维护费用大的缺点，因而钢筋混凝土结构在工程中被广泛采用，钢筋是最重要的建筑材料之一。

用于钢筋混凝土结构的国产普通钢筋可使用热轧钢筋，热轧钢筋是由低碳钢、普通低合金钢在高温状态下轧制而成的。热轧钢筋为软钢，其应力应变曲线有明显的屈服阶段，断裂时有“颈缩”现象，伸长率比较大。热轧钢筋根据其力学指标的高低，分为 HPB300 级（Ⅰ级）、HRB335（Ⅱ级）、HRB400（Ⅲ级）、HRBF400（Ⅲ级）、RRB400 级（Ⅲ级）、HRB500（Ⅳ级）、HRBF500（Ⅳ级）四个级别。Ⅰ级钢筋强度最低，Ⅳ级钢筋强度最高。钢筋混凝土结构中的纵向受力钢筋宜采用 HRB400、HRB500、HRBF400、HRBF500 钢筋，箍筋宜采用 HRB400、HRBF400、HPB300、HRB500、HRBF500 钢筋。预应力钢筋宜采用预应力钢丝、钢绞线和预应力螺纹钢筋。RRB400 钢筋不宜用作重要部位的受力钢筋，不应用于直接承受疲劳荷载的构件。

钢筋混凝土结构中使用的钢筋可以分为柔性钢筋和劲性钢筋。常用的普通钢筋统称为柔性钢筋，其外形有光圆和带肋两类，带肋钢筋又分为等高肋和月牙肋两种。Ⅰ级钢筋是光圆钢筋，Ⅱ、Ⅲ、Ⅳ级钢筋是带肋的，统称为变形钢筋。钢丝的外形通常为光圆，也有在表面刻痕的。柔性钢筋可绑扎或焊接成钢筋骨架或钢筋网，分别用于梁、柱或板、壳结构中。劲性钢筋本身刚度很大，施工时模板及混凝土的重力可以由劲性钢筋本身来承担，因此能加速并简化支模工作，承载能力也比较大。

钢筋的应力 - 应变曲线有的有明显的屈服阶段，例如，热轧低碳钢和普通热轧低合金钢所制成的钢筋。对有明显屈服阶段的钢筋，在计算承载力时以屈服点作为钢筋强度限值；对没有明显屈服阶段或屈服点的钢筋，一般将对应于塑性应变为 0.2% 时的应力定为屈服强度。

建筑钢材的主要性能包括力学性能和工艺性能。其中，力学性能是钢材最重要的使用性能，包括拉伸性能、冲击性能、疲劳性能等。工艺性能表示钢材在各种加工过程中的行为，包括弯曲性能和焊接性能。

反映建筑钢材拉伸性能的指标包括屈服强度、抗拉强度和伸长率。屈服强度是结构设计中钢材强度的取值依据。抗拉强度与屈服强度之比称为强屈比，是评价钢材使用可靠性的一个参数。强屈比越大，钢材受力超过屈服点工作时的可靠性越大，安全性越高，但强屈比过大，钢材强度利用率偏低，浪费材料。

伸长率是钢材发生断裂时所能承受永久变形的能力。伸长率越大，说明钢材的塑性越大。对常用的热轧钢筋而言，还有一个最大力总伸长率的指标要求。

（三）水泥

水泥呈粉末状，与水混合后，经物理化学作用能由可塑性浆体变成坚硬的石状体，并能将散粒状材料胶结成为整体，所以，水泥是一种良好的矿物胶凝材料。水泥浆体不但能在空气中硬化，还能更好地在水中硬化、保持并继续增长其强度，故水泥属于水硬性胶凝材料。

水泥是最重要的建筑材料之一，在建筑、道路、水利和国防等工程中应用广泛，常用来制造各种形式的混凝土、钢筋混凝土、预应力混凝土构件和建筑物，也常用于配制砂浆，以及用作灌浆材料等。

随着基本建设发展的需要，水泥品种越来越多。按化学成分，水泥可分为硅酸盐水泥、铝酸盐水泥、硫铝酸盐水泥、铁铝酸盐水泥等系列，其中，以硅酸盐系列水泥应用最广。

硅酸盐系列水泥按其性能和用途不同，又可分为通用水泥、专用水泥和特性水泥三大类。

通用硅酸盐水泥是以硅酸盐水泥熟料和适量的石膏，以及规定的混合材料制成的水硬性胶凝材料。硅酸盐水泥熟料由主要含 CaO、SiO_2、Al_2O_3、Fe_2O_3 的原料，按适当比例磨成细粉烧至部分熔融所得以硅酸钙为主要矿物成分的水硬性胶凝物质，其中，硅酸钙矿物不小于 66%，氧化钙和氧化硅质量比不小于 2.0。

通用硅酸盐水泥按混合材料的品种和掺量分为硅酸盐水泥、普通硅酸盐水泥、矿渣硅酸盐水泥、火山灰质硅酸盐水泥、粉煤灰硅酸盐水泥和复合硅酸盐水泥。

通用硅酸盐水泥广泛应用于一般建筑工程，专用水泥是指专门用途的水泥，如砌筑水泥、道路水泥等。特性水泥则是指某种性能比较突出的水泥，如快硬硅酸盐水泥、白色硅酸盐水泥、抗硫酸盐硅酸盐水泥、低热硅酸盐水泥、硅酸盐膨胀水泥等。

1. 硅酸盐水泥的生产及凝结硬化过程

（1）生产过程

硅酸盐水泥是通用水泥中的一个基本品种，其主要原料是石灰质原料和黏土质原料。石灰质原料主要提供 CaO，它可以采用石灰岩和贝壳等，其中多用石灰岩。黏土质原料主要提供 SiO_2、Al_2O_3 及少量 Fe_2O_3，它可以采用黏土、黄土、页岩、泥岩、粉砂岩等。其中，以黏土与黄土用得最广。为满足成分的要求还常用校正原料，例如，用铁矿粉等原料补充氧化铁的含量，以砂岩等硅质原料增加二氧化硅的成分等。

硅酸盐水泥的生产过程分为制备生料、煅烧熟料、粉磨水泥等三个阶段，简称“两磨一烧”。

（2）凝结硬化过程

①水泥加入水后，水泥颗粒外表会发生剧烈的水化反应，开始生成水化物。②随着水泥水化反应的不断进行，水泥颗粒表层会形成一层半透明的膜层，减少了外部水的渗入，降低水化反应速度，这一过程被称为休止期。③水化反应不断增加，膜层厚度也不断增加，水泥颗粒之间相互黏结，形成了网状结构的混凝土，浆体的可塑性也降低，逐渐失去了流动性并且开始凝结，但是没有强度，这一过程被称为凝结期。④在整个胶凝体和晶体发展过程中，水化反应促使网状结构中的细孔不断被填充，结构逐渐紧缩，当具有了一定的强度，也就是水泥凝结开始，直到完全收缩，凝结终了，这一过程被称为硬化期。

2. 硅酸盐水泥与普通水泥的主要技术性质

（1）凝结时间

水泥的凝结时间有初凝与终凝之分。自加水起至水泥浆开始失去塑性、流动性减小所需要的时间，称为初凝时间。自加水起至水泥浆完全失去塑性、开始有一定结构强度所需要的时间，称为终凝时间。国家标准规定：硅酸盐水泥初凝不小于45min，终凝不大于390min；普通硅酸盐水泥、矿渣硅酸盐水泥、火山灰质硅酸盐水泥、粉煤灰硅酸盐水泥和复合硅酸盐水泥初凝不小于45min，终凝不大于600min。凝结时间不符合规定者为不合格品。

规定水泥的凝结时间在施工中具有重要的意义。初凝不宜过快是为了保证有足够的时间在初凝之前完成混凝土成型等各工序的操作；终凝不宜过迟是为了使混凝土在浇捣完毕后能尽早凝结硬化，产生强度，以利于下一道工序的及早进行。

（2）体积安定性

水泥的体积安定性是指水泥在凝结硬化过程中体积变化的均匀性。水泥硬化后产生不均匀的体积变化即体积安定性不良，水泥体积安定性不良会使水泥制品、混凝土构件产生膨胀性裂缝，降低建筑物质量，甚至引起严重工程事故。因此，水泥的体积安定性检验必须合格，体积安定性不合格的水泥为不合格品。

（3）细度

细度是指水泥颗粒的粗细程度。细度可鉴定水泥的品质，是选择性指标。国家标准规定，硅酸盐水泥和普通硅酸盐水泥以比表面积表示，不小于300m²/kg；矿渣硅酸盐水泥、火山灰质硅酸盐水泥、粉煤灰硅酸盐水泥和复合硅酸盐水泥以筛余表示，80μm方孔筛筛余不大于10%或45μm方孔筛筛余不大于30%。

3. 常用水泥的特性及应用

六大常用水泥的主要特性见表1-2。

表1-2 常用水泥的主要特性

	硅酸盐水泥	普通水泥	矿渣水泥	火山灰水泥	粉煤灰水泥	复合水泥
主要特性	凝结硬化快、早期强度高；水化热大；抗冻性好；耐热性差；耐蚀性差；干缩性较小	凝结硬化较快、早期强度较高；水化热较大；抗冻性较好；耐热性较差；耐蚀性较差；干缩性较小	凝结硬化慢、早期强度低，后期强度增长较快；水化热较小；抗冻性差；耐热性好；耐蚀性较好；干缩性较大；泌水性大、抗渗性差	凝结硬化慢、早期强度低，后期强度增长较快；水化热较小；抗冻性差；耐热性较差；耐蚀性较好；干缩性较大；抗渗性较好	凝结硬化慢、早期强度低，后期强度增长较快；水化热较小；抗冻性差；耐热性较差；耐蚀性较好；干缩性较小；抗裂性较高	凝结硬化慢、早期强度低，后期强度增长较快；水化热较小；抗冻性差；耐蚀性较好；其他性能与所掺入的两种或两种以上混合材料的种类、掺量有关

（四）混凝土

混凝土是由胶凝材料、粗细骨料与水按一定比例，经过搅拌、捣实、养护、硬化而成的一种人造石材。混凝土有时还掺入化学外加剂以改造混凝土的性能，如达到减水、早强、调凝、抗冻、膨胀、防锈等要求。建筑工程中使用最广泛的是用水泥做胶凝材料的混凝土。由水泥和普通砂、石配制而成的混凝土称为普通混凝土。

混凝土材料具有原料广泛、制作简单、造型方便、性能良好、耐久性强、防火性能好及造价低等优点，因此，应用非常广泛。但这种材料也存在抗拉强度低、质量大等缺点，而钢筋混凝土和预应力混凝土较好地弥补了抗拉强度低的缺陷。

现代的混凝土正向着轻质、高强、多功能方向发展。采用轻骨料配制混凝土，表观密度仅为 800 ~ 1400kg/m^3，其强度可达 30MPa。这种混凝土既能减轻自重，又能改善热工性能。采用高强度混凝土，可以达到减小结构构件的截面、节约混凝土和降低建筑物自重以及增加建筑的净使用空间的目的。

1. 混凝土组成材料

在混凝土中，砂、石起骨架作用，称为骨料。水泥与水形成水泥浆，水泥浆包裹在骨料表面并填充其空隙。在硬化前，水泥浆起润滑作用，赋予拌和物一定和易性，且便于施工。水泥浆硬化后，则将骨料胶结成一个坚实的整体。混凝土的结构如图 1-2 所示。

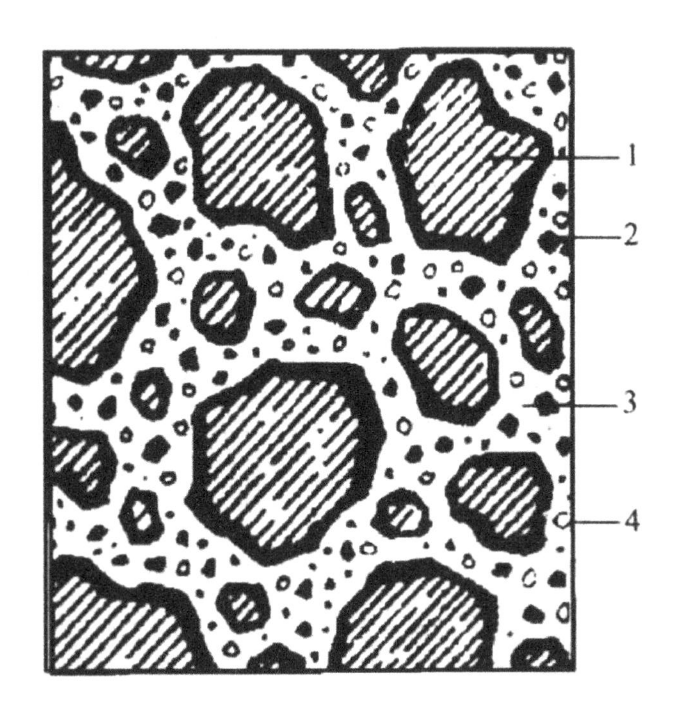

图 1-2 混凝土结构

1—石子；2—砂；3—水泥浆；4—气孔

（1）水泥

配制混凝土一般可采用硅酸盐水泥、普通硅酸盐水泥、矿渣硅酸盐水泥、火山灰质硅酸盐水泥和粉煤灰硅酸盐水泥。必要时可采用快硬硅酸盐水泥或其他水泥。采用何种水泥，应根据混凝土工程特点和所处的环境条件，参照表 1-2 选用。

水泥强度等级的选择应与混凝土的设计强度等级相适应。原则上是配制高强度等级混凝土，选用高强度等级水泥；配制低强度等级混凝土，选用低强度等级水泥。如必须用高强度等级水泥配制低强度混凝土时，会使水泥用量偏少，影响混凝土和易性及密实度，所以，应掺入一定数量的混合材料。如必须用低强度等级水泥配制高强度等级混凝土时，会使水泥用量过多，不经济，而且影响混凝土其他性质。

（2）细骨料

粒径在 0.16 ~ 5mm 之间的骨料为细骨料（砂）。一般采用天然砂，它是岩石风化后所形成的大小不等、由不同矿物散粒组成的混合物，一般有河砂、海砂、山砂。普通混凝土用砂多为河砂。河砂是由岩石风化后经河水冲刷而成。河砂的特征是颗粒光滑、无棱角。山区所产的砂粒为山砂，是由岩石风化而成，特征是多棱角。沿海地区的砂称为海砂，海砂中含有的氯盐对钢筋有锈蚀作用。

砂子的粗细颗粒要搭配合理，不同颗粒等级搭配称为级配。因此，混凝土用砂要符合理想的级配。砂子的粗细程度还可以用细度模数来表示。一般细度模数 3.1 ~ 3.7 的称为粗砂，2.3 ~ 3.0 的称为中砂，1.6 ~ 2.2 的称为细砂，0.7 ~ 1.5 的称为特细砂。配制混凝土的细骨料要求清洁不含杂质，以保证混凝土的质量。

（3）粗骨料

粒径大于 5mm 的骨料，通常为石子。石子又有碎石和卵石之分。天然岩石经过人工破碎筛分而成的称为碎石，经过河水冲刷而成的为卵石。碎石的特征是多棱角，表面粗糙，与水泥黏结较好；而卵石则表面圆滑，无棱角，与水泥黏结不太好，但流动性较好，对泵送混凝土较有利。在水泥和水用量相同的情况下，用碎石拌制的混凝土强度较高，但流动性差，而卵石拌制的混凝土流动性好，但强度较低。石子中各种粒径分布的范围称为粒级。粒级又分为连续粒级和单粒级两种。建筑上常用的有 5 ~ 10mm、6 ~ 15mm、5 ~ 20mm、5 ~ 30mm 和 6 ~ 40mm 五种连续粒级。单粒级石子主要用于按比例组合组配良好的骨料。要根据结构的薄厚及钢筋疏密的程度确定粗骨料的粒级。

（4）水

混凝土拌和用水要求洁净，不含有害杂质。凡是能饮用的自来水或清洁的天然水都能拌制混凝土。酸性水、含硫酸盐或氯化物以及遭受污染的水和海水都不宜拌和混凝土。

2. 混凝土的抗压强度

混凝土的强度与水泥强度等级、水灰比有很大关系，骨料的性质、级配、混凝土成型方法、硬化时的环境条件及混凝土的龄期等不同程度地影响混凝土的强度。试件的大小、形状，试验方法和加载速率也影响混凝土的强度。

混凝土的抗压强度有立方体抗压强度和轴心抗压强度两种情况，这里仅对前者进行简单介绍。

立方体试件的强度比较稳定，制作及试验比较方便，所以，我国把立方体强度值作为混凝土的强度基本指标，并把立方体抗压强度作为在统一试验方法下评定混凝土强度的标准，也是衡量混凝土各种力学指标的代表值。我国国家标准《普通混凝土力学性能试验方法标准》规定以边长为 150mm 的立方体为标准试件，标准立方体试件在 20℃ ±2℃的温度和相对湿度 95% 以上的潮湿空气中养护 28d，试件的承压面不涂润滑剂，按照标准试验方法测得的抗压强度作为混凝土的立方体抗压强度，单位为 N/mm^2（MPa）。

《混凝土结构设计规范》规定混凝土强度等级应按立方体抗压强度标准值确定，用符号 fcu，k 表示，即用上述标准试验方法测得的具有 95% 保证率的立方体抗压强度作为混凝土的强度等级。《混凝土结构设计规范》规定的混凝土强度等级有 C15、C20、C25、C30、C35、C40、C45、C50、C55、C60、C65、C70、C75 和 C80，共 14 个等级。例如。C30 表示立方体抗压强度标准值为 $30N/mm^2 \leqslant fcu，k < 35N/mm^2$。其中，C50 ~ C80 属高强度混凝土范畴。

《混凝土结构设计规范》规定，素混凝土结构的混凝土强度等级不应低于 C15；钢筋混凝土结构的混凝土强度等级不应低于 C20；采用强度级别 400MPa 及以上的钢筋时，混凝土强度等级不应低于 C25；承受重复荷载的钢筋混凝土构件，混凝土强度等级不应低于 C30；预应力混凝土结构的混凝土强度等级不宜低于 C40，且不应低于 C30。

加载速度对立方体强度也有影响，加载速度越快，测得的强度越高。通常规定混凝土强度等级低于 C30 时，加载速度取为每秒钟（0.3 ~ 0.5）N/mm^2；混凝土强度等级高于或等于 C30 时，取每秒钟（0.5 ~ 0.8）N/mm^2。

混凝土的立方体强度还与成型后的龄期有关，混凝土的立方体抗压强度随着成型后混凝土的龄期逐渐增长，开始时增长速度较快，后来逐渐缓慢，强度增长过程往往要延续几年，在潮湿环境中往往延续更长。

二、建筑构造概述

（一）建筑构造组成

建筑物是由许多部分组成的，它们在不同的位置上发挥着不同的作用。民用建筑一般由基础、墙体（柱）、楼板层、地坪、屋顶、楼梯和门窗等几大部分构成，如图 1-3 所示。

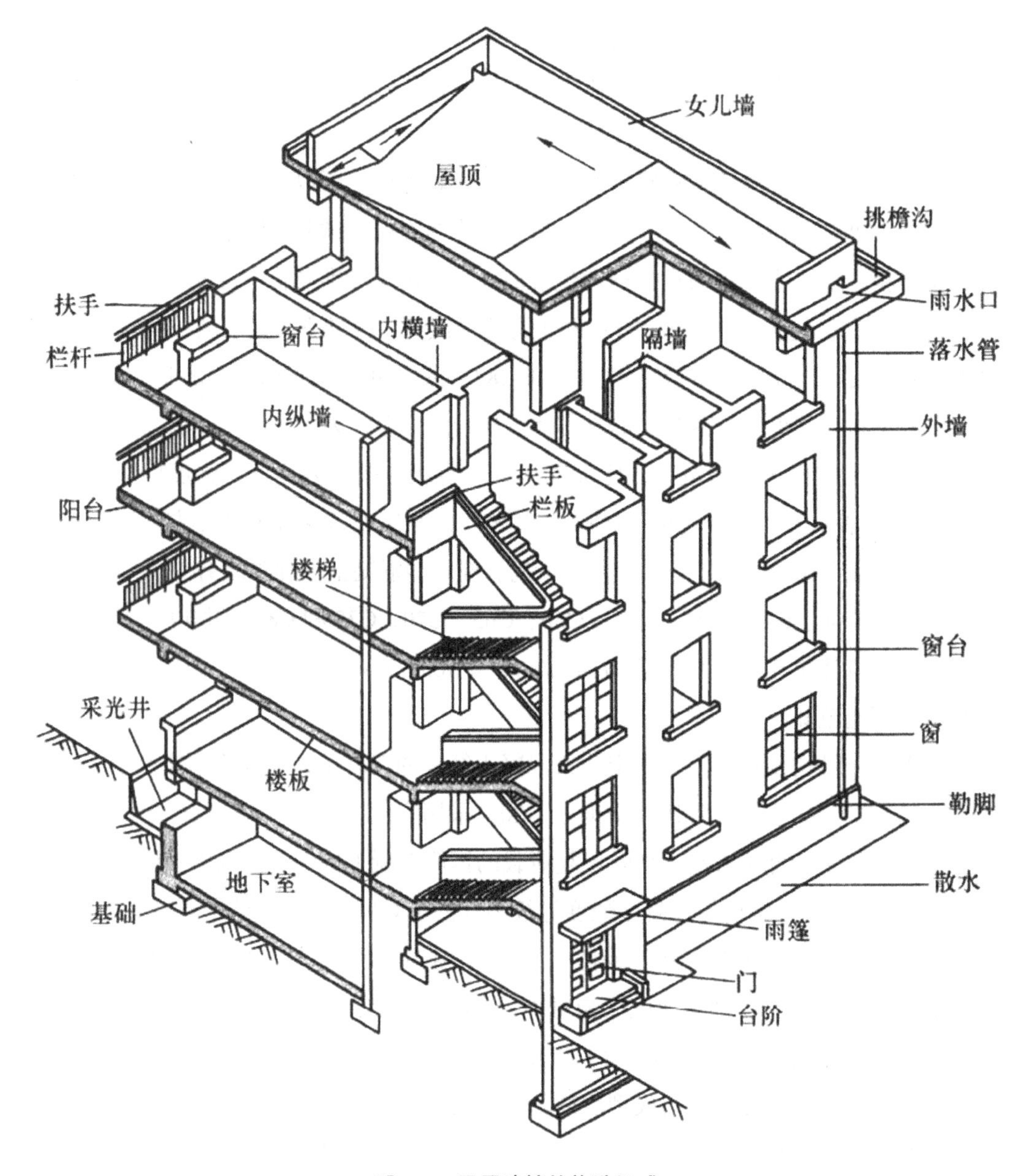

图 1-3　民用建筑的构造组成

1. 基础

基础是建筑物底部与地基接触的承重结构，承受着建筑物的全部荷载，并把这些荷载传递给地基。因此，地基必须固定、稳定、可靠。

2. 墙（或柱）

砌体结构的墙体是建筑物的承重构件，也可以是建筑物的围护构件。框架结构的柱是承重结构，而墙仅是分隔空间或抵抗风、雨、雪的围护构件。

3. 楼板层

楼板层是楼房建筑中水平方向的承重构件。楼板将整个建筑物分成若干层，它承受着人、家具以及设备的荷载，并将这些荷载传递给墙或柱，它应该有足够的强度和刚度。对卫生间、厨房等房间还应具有防水、防潮能力。

4. 地坪

地坪是房间与土层相接触的水平部分，它承受着底层房间中人和家具等荷载，不同性质的房间应该具有不同的功能，如防潮、防滑、耐磨、保温等。

5. 屋顶

屋顶是建筑物顶部水平的围护构件和承重构件。它抵御着自然界对建筑物的影响，承受着建筑物顶部的荷载，并将荷载传给墙体或柱。屋顶必须具有足够的强度和刚度，并具有防水、保温、隔热等性能。

6. 楼梯

楼梯是建筑物中的垂直交通工具，作为人们上下楼和发生事故时的紧急疏散之用。

7. 门窗

门主要用来通行和紧急疏散，窗主要用来采光和通风。开门以沟通室内外联系，开窗以沟通人和大自然的联系。处于外墙上的门和窗属于围护构件。

8. 附属部分

民用建筑中除了上述构件外，还有一些附属部分，如阳台、雨篷、台阶、烟囱等。

民用建筑的特种构造以及工业建筑构造可参考有关书籍。

（二）建筑构造的影响因素

民用建筑物从建成到使用，要受到许多因素的影响，这些因素主要有：

1. 外界环境的影响

①外界作用力的影响。主要指人、家具和设备以及建筑自身的重量，风力、地震力、雪荷载等。这些外界作用力的大小是建筑设计的主要依据，它决定着构件的尺度和用料。②气候条件的影响。对于不同的气候如风、雨、雪、日晒等的影响，建筑构造应该考虑相应的防护措施。③人为因素的影响。人所从事的生产和生活活动，如火灾、机械振动、噪声等，往往也会对建筑构造造成影响。

2. 建筑技术条件的影响

建筑技术条件指建筑材料技术、结构技术和施工技术等。随着这些技术的发展和变化，建筑构造也发生了相应的变化。例如，木结构的建筑和砌体结构的建筑相比，它们的施工方法和构造做法是不相同的。

3. 建筑标准的影响

不同的建筑具有不同的建筑标准。建筑标准一般包括建筑的造价标准、建筑的装修标准、建筑的设备标准。不同的建筑标准对建筑构造会产生不同的影响，如建筑材料质量的高低、构造做法是否考究、设备是否齐全等。

（三）建筑构造的设计

民用建筑构造在设计中不仅要考虑到建筑分类、组成部分、模数协调等许多因素的影响，还要根据以下原则设计：

1. 坚固实用

建筑构造应该坚固耐用，这样才能保证建筑物的整体刚度、安全可靠、经久耐用。

2. 技术先进

建筑构造设计应该从材料、结构、施工三个方面引入先进技术，但要因地制宜，不能脱离实际。

3. 经济合理

建筑构造设计处处应该考虑经济合理，在选用材料上要注意就地取材，注意节约钢材、水泥、木材三大材料，并在保证质量的前提下降低造价。

4. 美观大方

建筑构造设计是建筑设计的继续和深入，建筑要做到美观大方，构造设计是非常重要的一环。

总之，在建筑构造的设计中，必须满足以上原则，才能设计出合理、实用、经久、美观的建筑作品来。

第四节　建筑工程施工基础

一、建筑工程产品及施工特点

（一）建筑工程产品的特点

1. 产品的固定性

固定性是建筑工程产品最显著的特点。任何建筑工程产品都是在建设单位所选定的地点上建造和使用，它与所选定地点的土地是不可分割的。因此，建筑工程产品的建造和使用在空间上是固定的。建筑工程施工的许多特点都是由此引出的。

2. 产品的多样性

建筑物的使用功能是多种多样的，因此，建筑工程产品种类繁多，用途各异。另外，即使是使用功能、建筑类型相同，而在不同地区、不同条件下，建筑产品要按照当地特定的社会环境、自然条件来设计和建造。产品的多样性造成安全问题的多样性。

3. 产品体形庞大

建筑工程产品比起一般的工业产品，所需消耗的物质资源更多。为了满足特定的使用功能，必然占据广阔的地面与空间，因而建筑工程产品的体形庞大。

4. 产品的综合性

建筑工程产品由各种材料、构配件和设备组装而成，形成一个庞大的实物体系。

（二）建筑工程施工的特点

1. 生产的流动性

建筑工程产品的固定性，决定了产品生产的流动性。即施工所需的大量劳动力、材料、机械设备必须围绕其固定性产品开展活动，而且在完成一个固定性产品以后，又要流动到另一个固定性产品上去。因此，在进行施工前必须做好科学的分析和决策、合理的安排和组织。生产的流动性大，从业人员整体素质低加剧了安全管理的难度，造成安全生产的多样化。同时，产品的固定性导致作业环境局限性，必须在有限的场地和空间上集中大量的人力、物资、机具进行交叉作业，因而容易发生物体打击等伤亡事故。

2. 施工的单件性

建筑工程产品的固定性和多样性决定了产品生产的单件性。一般工业产品都是按照试制好的同一设计图纸，在一定的时期内进行批量的重复生产。每一个建筑工程产品则必须按照当地的规划和用户的需要，在选定的地点上单独设计和施工。这就形成了在有限的场地上集中大量的工人和建筑材料、设备、机具进行作业。作业环境和各种作业的重叠和交叉，造成现场的安全问题异常复杂。因此，必须做好施工准备，编好施工组织设计，以便工程施工能因时制宜、因地制宜地进行。

建筑产品呈多样性，施工工艺呈复杂多变性，例如，一栋建筑物从基础、主体至竣工验收，每道施工工序均有其不同的特性，其不安全因素各不相同。同时，随着工程建设进度，施工现场的不安全因素也随时变化，要求施工单位必须针对工程进度和施工现场实际情况及时地采取安全技术措施和安全管理措施。

3. 施工的地区性

由于建筑工程产品的固定性，从而导致生产的地区性。因为要在使用的固定地点建造，就必然受到该建设地区的自然、技术、经济和社会条件的限制。因此，就必须对该地区的建设条件进行深入的调查分析，因地制宜地做好各种施工安排。

4. 建筑生产涉及面广、综合性强

从建筑行业内部来讲，建筑生产是多工种的综合作业；从外部讲，通常需要专业化企业、材料供应、运输、公共事业、人力资源部门等方面的配合和协作。

多工种、多部门的协同作业造成了安全生产的可变因素甚多。

5. 建筑生产的条件差异大、可变因素多

建筑生产的自然条件（地形、地质、水文、气候等），技术条件（结构类型、技术要求、施工水平、材料和半成品质量等）和社会条件（物资供应、运输、专业化、协作条件等）常常有很大差别。因此，生产的预见性、可控性差。

6. 生产周期长、露天作业多、受自然气候条件影响大

一个建筑项目施工周期短则几个月，长则一年甚至三五年才能完工，而且大多是露天施工，酷暑严寒，风吹日晒，劳动条件差。因此，劳动保护工作是多层次的，并且随季节而变化的。露天作业导致作业条件恶劣，致使工作环境相当艰苦，容易发生伤亡事故。

7. 立体交叉施工、高空地下作业多

高层与超高层建筑工程带来了施工作业高空性，由于地下作业和高空作业都较多，施工场地与施工条件要求的矛盾日益突出，致使多工种立体交叉作业增加，组织比较复杂，施工的危险性比较大，导致机械伤害、物体打击事故增多。

8. 手工操作、劳动繁重、体力消耗大

建筑业有些操作至今仍是手工劳动，比如，砌筑工、抹灰工、架子工、钢筋工、管工等都是繁重的体力劳动，例如，对一个砌筑工来说，每天砌 1000 块砖，一块按 2.5kg 计算，他一天要用两只手把近 3t 的砖一块块砌起来，要弯腰两三千次。在恶劣的作业环境下，施工工人手工操作多，体能消耗大，劳动时间和劳动强度都比其他行业要大，其职业危害严重。因此，个体劳动保护非常艰巨。

9. 施工的复杂性

由于建筑工程产品的固定性、多样性和综合性以及施工的流动性、地区性、露天作业多、高空作业多等特点，再加上要在不同的时期、地点、产品上，组织多专业、多工种的人员综合作业，这使建筑工程施工变得更加复杂。

建筑施工的上述特点给施工带来了很多不安全的因素，所以，要求建筑施工企业对安全生产问题要更加重视。

二、建筑工程施工依据与顺序

（一）施工依据

建筑施工的目的是通过施工手段，建成能满足各种不同使用功能的建筑物。因此，施工依据就必须包括以下内容：

1. 施工图

施工图是“工程的语言”，是组织施工的主要依据。“按图施工”是施工人员必须遵守的一条准则。

2. 施工验收规范、质量检验评定标准、施工技术操作规程

施工验收规范是国家根据建筑技术政策、施工技术水平、建筑材料的发展、新施工工艺的出现等情况，统一制定的建筑施工法规。这些法规规定了建筑施工中分部分项工程施工的关键技术要求和质量标准，作为衡量建筑施工技术水平和工程质量的基本依据。

质量检验评定标准是建筑施工企业贯彻施工验收规范、评定工程质量等级标准的依据。

施工技术操作规程是规定要达到规范和标准要求所必须遵循的具体操作方法。规程中对建筑安装工程的施工技术、质量标准、材料要求、操作方法、设备工具的使用、施工安全技术以及冬季施工技术等做了详细的规定。

3. 施工组织设计

建筑施工企业根据施工任务和施工对象，针对建筑物的性质、规模、特点和要求，结合工期的长短、工人的数量、参与施工的机械装备、材料供应情况、构件生产方式、运输条件等各种技术经济条件，从经济和技术统一的全局出发，从许多可能的方案中选定最合理的方案，对施工的各项活动做出全面的部署，编制出规划和指导施工全过程、企业管理的重要的技术经济文件，这就是施工组织设计。

4. 定额与施工图预算（或称设计预算）

定额主要包括预算定额、劳动定额和单价手册等。

（二）建筑工程施工顺序

建筑工程施工顺序就是根据建筑工程结构特点、生产流程、施工方法以及建筑施工的特有规律，而对施工各主要环节做出的先后次序和配合衔接的安排。施工顺序应符合工程质量好、施工安全、工期短、经济效益高的目标。

建筑工程施工顺序一般如图 1-4 所示。建筑物开工与竣工的先后顺序应满足工艺流程和配套投产的要求。一般工业与民用建筑的施工顺序通常应遵守下列原则：

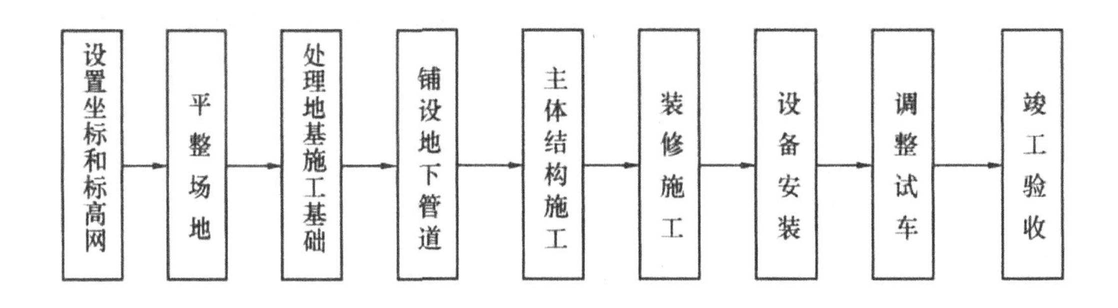

图 1-4　建筑工程施工顺序

1. 先地下，后地上

即先进行地下管网和基础施工，然后再进行地面以上工程的施工，以免土方挖了再填，填了再挖。这样才不会影响材料堆放和现场运输，也不会给安全留下隐患。尤其是在雨期施工时避免雨水流入基槽、基坑，造成基础沉陷等事故。

2. 先土建，后安装

当然，为了避免事后在建筑物上开槽凿洞，在土建施工中，安装必须紧密配合，做好预留槽、洞和预埋件，以确保结构安全。

3. 先主体，后装修

在土建施工中，一般是先主体结构后围护结构，最后进行装修。多层建筑室外采用上下立体交叉作业时，应保证已完工程和后建工程不受损坏，同时还应在有可靠遮挡的条件下进行。

4. 先屋面防水，后室内抹灰

抹灰应先顶棚、后立墙、再地坪，最后踢脚线，并在上层地面完工后方可做下层顶棚。

5. 管道、沟渠等应先下游，后上游

以便于排出沟内积水和有利于沟底找坡。

三、建筑工程施工组织设计简介

一个建设项目的施工，可以有不同的施工顺序；每一个施工过程可以采用不同的施工方案；每一种构件可以采用不同的生产方式；每一种运输工作可以采用不同的方式和工具；现场施工机械、各种堆物、临时设施和水电线路等可以有不同的布置方案；开工前的一系列施工准备工作可以用不同的方法进行。不同的施工方案，其效果是不一样的。这是施工人员开始施工之前必须解决的问题。

施工组织设计是工程施工的组织方案是指导施工准备和组织施工的全面性技术经济文件，是指导现场施工的法规。施工组织设计应当包括下列主要内容：①工程任务情况；②施工总方案、主要施工方法、工程施工进度计划、主要单位工程综合进度计划和施工力量、机具及部署；③施工组织技术措施，包括工程质量、安全防护以及环境污染防护等各种措施；④施工总平面布置图；⑤总包和分包的分工范围及交叉施工部署等。

建设工程必须按照批准的施工组织设计进行。施工组织设计根据设计阶段和编制对象的不同大致可分为三类，即施工组织总设计、单位工程施工组织设计和分部分项工程施工组织设计。

建筑工程施工有效的科学组织方法包括流水作业法与网络计划技术。可参考有关施工管理书籍。

四、建筑施工技术简介

（一）土方工程

土方工程是建筑工程施工中的主要工种工程之一，往往是整个建设过程全部施工过程中的第一道工序。平整场地为整个工程的后续工作提供了一个平整、坚实、干燥的施工场所，并为基础工程施工做好准备。

（二）基础工程

一般工业与民用建筑物多采用天然浅基础，它造价低，施工简便。如果天然浅土层软弱，可采用机械压实、深层搅拌、堆载预压、砂桩挤密、化学加固等方法进行人工加固，形成人工地基浅基础。如深部土层一样软弱，建筑物上部荷载很大的工业建筑或对变形和稳定有严格要求的一些特殊建筑或高层建筑，无法采用浅基础时，经过技术经济比较后采用深基础。

深基础是指桩基础、墩基础、深井基础、沉箱基础和地下连续墙等，其中，桩基础应用最广。深基础不但可用深部较好的土层来承受上部荷载，还可以用深基础周壁的摩擦阻力来共同承受上部荷载，因而其承载力高、变形小、稳定性好，但其施工技术复杂、造价高、工期长。

（三）钢筋混凝土工程

钢筋混凝土是建筑工程结构中被广泛采用并占主导地位的一种复合材料，它以性能优异、材料易得、施工方便、经久耐用而显示出其巨大生命力。近年来，钢筋工程、模板工程和混凝土工程技术不断更新，钢筋混凝土结构形式在建筑工程中应用越来越广泛。

钢筋混凝土工程分为装配式钢筋混凝土工程和现浇钢筋混凝土工程。装配式钢筋混凝土工程的施工工艺是在构件预制厂或施工现场预先制作好结构构件，再在施工现场将其安装到设计位置。现浇钢筋混凝土工程则是在建筑物的设计位置现场制作结构构件的一种施工方法，由钢筋工程、模板工程及混凝土工程三部分组成，特点是结构整体性好、抗震性能好、节约钢材、不需大型起重机械。但是模板消耗量多、现场运输量大、劳动强度高、施工易受气候条件影响。

1. 钢筋工程

钢筋在钢筋混凝土结构中起着关键性的作用。由于混凝土浇筑后，其质量难于检查，因此，钢筋工程属于隐蔽工程，需要在施工过程中进行严格的质量控制，并建立必要的检查和验收制度。

钢筋工程一般包括：

（1）钢筋的冷加工

为了提高钢筋的强度，节约钢材，满足预应力钢筋的需要，工地上常采用冷拉、冷拔的方法对钢筋进行冷加工，以获得冷拉钢筋和冷拔钢丝。

（2）钢筋的加工

钢筋的加工包括除锈、调直、切断、弯曲成型等工序。单根钢筋须经过一系列的加工过程，才能获得所需要的形式和尺寸。

（3）钢筋的配料

施工中根据构件配筋图计算构件的直线下料长度、总根数及钢筋总重量，然后编制钢筋配料单，作为备料加工的依据。

（4）钢筋的连接

连接钢筋的方法有三种：绑扎搭接连接、焊接连接及机械连接。

（5）钢筋的安装

核对钢筋钢号、直径、形状、尺寸及数量，无误后开始现场的安装。

2. 混凝土工程

（1）混凝土制备

应保证其硬化后能达到设计要求的强度等级；应满足施工对和易性和匀质性的要求；应符合合理使用材料和节约水泥的原则。有时，还应使混凝土满足耐腐蚀、防水、抗冻、快硬和缓凝等特殊要求。为此，在配制混凝土时，必须了解混凝土的主要性能；重视原材料的选择和使用；严格控制施工配料；正确确定搅拌机的工作参数。

（2）运输

在运输过程中应保持混凝土的均匀性，避免产生分层离析、泌水、砂浆流失、流动性减小等现象。为此要求选用的运输工具要不吸水、不漏浆；运输道路平坦，车辆行驶平稳以防颠簸造成混凝土离析；垂直运输的自由落差不大于 2m；溜槽运输的坡度不大于 30°，混凝土移动速度不宜大于 1m/s。常用水平运输机具主要有搅拌运输车、自卸汽车、机动翻斗车、皮带运输机、双轮手推车。常用垂直运输机具有塔式起重机、井架运输机。

（3）浇筑

浇筑混凝土总的要求是能保持结构或构件的形状、位置和尺寸的准确性，并能使混凝土达到良好的密实性，要内实外光，表面平整，钢筋与预埋件的位置符合设计要求，新旧混凝土接合良好。

（4）养护

混凝土成型后，为保证水泥水化作用能正常进行，应及时进行养护。目的是为混凝土硬化创造必需的温度、湿度条件，使混凝土达到设计要求的强度。

温度的高低对混凝土强度增长有很大影响，在合适的湿度条件下，温度越高水泥水化作用就越迅速、完全，强度就越大；但是温度也不能过高，过高则会使水泥颗粒表面迅速水化，结成外壳，阻止内部继续水化。反之，当温度低于 -3℃时，则混凝土中的水会结冰，混凝土的强度增长非常缓慢。

湿度的大小对混凝土强度增长也有很大影响。合适的湿度使混凝土在凝结硬化期间已形成凝胶体的水泥颗粒能充分水化并逐步转化为稳定的结晶，促进混凝土强度的增长。如果在较高的温度条件下，混凝土凝胶体中的水泥颗粒尚未充分水化时缺水，就会在混凝土表面出现片状或粉状剥落（剥皮、起砂现象）的脱水现象。如果在新浇混凝土尚未达到充分强度时，湿度过低，混凝土中的水分过早蒸发，就会产生很大的收缩变形，出现干缩裂纹，从而影响混凝土的整体性和耐久性。

对混凝土进行养护可以采用自然养护和蒸汽养护的方法来进行。

（5）质量检查

对水泥品种及强度等级、砂石的质量及含泥量、混凝土的配合比、配料称量、搅拌时间、坍落度、运输、振捣、养护过程等环节进行检查。并做混凝土试块，在进行标准状况下养护后，送检验机构进行强度试验。

（四）砌筑工程

砌筑工程是指普通黏土砖、硅酸盐类砖、石块和各种砌块的施工。

砖石建筑在我国有悠久的历史，目前在建筑工程中仍占有一定的份额。这种结构虽然取材方便、施工简单、成本低廉，但它的施工仍以手工操作为主，劳动强度大、生产效率低，而且烧制黏土砖占用大量农田，国家已明文规定不准生产和使用烧制黏土砖。利用工业废料制作的砌块，如粉煤灰硅酸盐砌块、普通混凝土空心砌块、煤矸石硅酸盐空心砌块等越来越普及。新工艺材料如加气混凝土砌块、蒸压灰砂砖，后者从尺寸、强度各方面可以完全代替烧制黏土砖。研发新型墙体材料以及改善砌体施工工艺是砌筑工程改革的重点。

砌筑工程是一个综合的施工过程，它包括砂浆制备、材料运输、脚手架搭设和墙体砌筑等。

（五）装饰工程

装饰工程包括抹灰、饰面、刷浆、油漆、裱糊、花饰、铝合金和玻璃幕墙等工程，是建筑施工的最后一个施工过程。具体内容包括：内外墙面和顶棚的抹灰、内外墙饰面和镶面、楼地面的饰面、内墙裱糊、花饰安装、门窗等木制品和金属品安装、油漆以及墙面粉刷等。其作用是保护墙面免受风雨、潮气等侵蚀，改善隔热、隔声、防潮功能，提高卫生条件以及增加建筑物美观和美化环境。

（六）结构吊装工程

在现场或工厂预制的结构构件或构件组合，用起重机械在施工现场把它们吊起来并安装在设计位置上，这样形成的结构叫装配式结构。结构吊装工程就是有效地完成装配式结构构件的吊装任务。

第二章　建筑施工安全基础知识

第一节　施工安全基础知识

一、安全事故的概念

安全事故是指生产经营单位在生产经营活动（包括与生产经营有关的活动）中突然发生的，伤害人身安全和健康，或者损坏设备设施，或者造成经济损失的，导致原生产经营活动（包括与生产经营活动有关的活动）暂时中止或永远终止的意外事件。

安全事故涉及的范围很广，不论是生产中还是生活中发生的，可能造成人员伤害和（或）经济损失的、非预谋性的意外事件，都属于事故的范畴；安全事故的后果是导致人员伤害和（或）经济上的损失；安全事故是一种非预谋性的事件。

建筑安全事故具有事故的一般性，即普遍性、随机性、必然性、因果相关性、突变性、潜伏性、危害性、可预见性等。建筑安全事故还有着特殊性，即严重性、复杂性、可变性、多发性。

二、安全事故的分类

安全事故可以按事故的原因、类别和严重程度分类。

（一）按事故的原因分类

从建筑活动的特点及事故发生的原因和性质来看，建筑安全事故可以分为四类，即生产事故、质量问题事故、技术事故和环境事故。

1. 生产事故

主要是指在建筑产品的生产、维修、拆除过程中，操作人员因违反有关施工操作规程而直接导致的安全事故。生产事故一般都是在施工作业过程中出现的，事故发生得比较频繁，是建筑安全事故的主要类型之一。目前，我国对建筑安全生产的管理主要是针对生产事故。

2. 质量问题事故

主要是指由于设计不符合规范或施工达不到要求等而导致建筑结构实体或使用功能存在瑕疵，进而引起安全事故的发生。质量问题可能发生在施工作业过程中，也可能发生在建筑实体的使用过程中。在建筑实体的使用过程中，质量问题带来的危害十分严重。如果同时有灾害（如地震、火灾）发生，其后果将极其严重。质量问题也是建筑安全事故的主要类型之一。

3. 技术事故

主要是指由于工程技术而导致的安全事故。技术是安全的保证，曾被确信无疑的技术可能会在突然之间出现问题，最初微不足道的瑕疵可能导致灾难性的后果，很多时候正是由于一些不经意的技术失误才导致了严重的事故，技术事故的后果通常是毁灭性的。技术事故可能发生在施工生产阶段，也可能发生在使用阶段。

4. 环境事故

主要是指建筑实体在施工或使用的过程中，由于使用环境或周边环境而导致的安全事故。使用环境原因主要是对建筑实体的使用不当，比如，荷载超标、按静荷载设计而按动荷载使用，以及使用高污染建筑材料或放射性材料等。对于使用高污染建筑材料或放射性材料的建筑物，一是给施工人员造成职业病危害；二是给使用者的身体带来伤害。周边环境原因主要是自然灾害方面的，比如山体滑坡。在一些地质灾害频发的地区，应该特别注意环境事故的发生。

（二）按事故类别分类

按照事故类别，施工现场的事故可以分为14类：物体打击、车辆伤害、机械伤害、起重伤害、触电、灼烫、火灾、高处坠落、坍塌、透水、爆炸、中毒、窒息、其他伤害。

（三）按事故严重程度分类

1. 轻伤事故

是指造成职工肢体伤残，或某器官功能性或器质性程度损伤，表现为劳动能力轻度或暂时丧失的伤害，一般指受伤职工歇工在1个工作日以上，计算损失工作日低于105日的失能伤害。

2. 重伤事故

是指造成职工肢体残缺或视觉、听觉等器官受到严重损伤，一般指能引起人体长期存在功能障碍，或损失工作日等于和超过 105 日，劳动能力有重大损失的失能伤害。

3. 死亡事故

是指事故发生后当即死亡（含急性中毒死亡）或负伤后在 30 天以内死亡的事故。

三、安全事故的危害

（一）人员伤亡

建筑工程安全事故会直接带来人员的伤亡。建筑工程安全事故带来的人员伤亡数在各项安全事故中一直居高不下，在各产业系统中居于第二位，仅次于采矿业。

（二）财产损失

建筑工程安全事故不仅给国家、企业和个人造成了很大的经济损失，也给社会带来了不安定因素。建筑业中较高的事故发生率和巨大的经济损失已经成为制约建筑业劳动生产率提高和技术进步的主要原因。

四、施工现场主要事故原因分析及其预防

（一）施工现场主要事故原因分析

建筑施工作业是一个复杂的人、机系统，由施工作业人员、电器和机械设备、环境（施工现场）、管理四个方面组成。它们之间具有相互联系与制约的关系，即事故的原因取决于人、物、环境三个因素的联系，它们的状况又受管理状态的制约。

1. 人的因素

人的因素又可以分为三种：一是教育原因，包括缺乏基本的文化知识和认知能力，缺乏安全生产的知识和经验，缺乏必要的安全生产技术和技能等；二是身体原因，包括生理状态或健康状态不佳，如听力、视力不良，反应迟钝，疾病、醉酒、疲劳等生理机能障碍等；三是态度原因，即缺乏积极工作和认真的态度，以及消极或亢奋的工作态度等。

2. 物的因素

在建筑生产活动中，物的因素是指物的不安全状态，也是事故产生的直接因素。导致事故发生的物的因素不仅包括机器设备的原因，而且还包括钢筋、脚手架的高空坠落等物

的因素。物之所以成为事故的原因，是由于物质的固有属性及其具有的潜在破坏和伤害能力的存在。

3. 环境的因素

与建筑行业紧密相关的环境，就是施工现场。整洁、有序、精心布置的施工现场的事故发生率肯定较之杂乱的现场低。到处是施工材料，机具乱摆放，生产及生活用电私拉乱扯，不但给正常生活带来不便，而且会引起人的烦躁情绪，从而增加事故隐患。

4. 管理因素

应该从管理的角度出发，实现对人、物、环境的最优化配置，以防患于未然。大量的安全事故表明，事故的直接原因是人的不安全行为和物的不安全状态，但是造成“人失误”和“物故障”的这一直接原因却常常是管理上的缺陷。

（二）施工现场主要事故预防措施

①通过管理改进，对工作班组综合危险性、材料及构件综合危险性、机械设施综合危险性、作业环境危险性、技术工艺危险性、现场管理危险性等进行综合管理，使得工作单元的综合危险性降低，从而改善整体的安全条件；②通过技术和工艺改进，例如，场外施工，改变材料的危险特性、使用不同的材料，改用新型安全工艺和安全施工方法，采用安全性更高的机械设备和整体性、模数化构配件进行生产，达到降低材料、构件综合危险性和机械、设施综合危险性的目的；③减少人误触发因素，加强人员安全意识，实现本质安全化目标。

第二节　安全生产基础知识

一、安全生产的基本原则与要求

（一）安全生产的基本原则

1.“管生产必须管安全”的原则

一切从事生产、经营活动的单位和管理部门都必须管安全，必须依照国务院“安全生产是一切经济部门和生产企业的头等大事”的指示精神，全面开展安全生产工作。要落实

“管生产必须管安全”的原则，就要在管理生产的同时认真贯彻执行国家安全生产的法规、政策和标准，制定本企业、本部门的安全生产规章制度（包括各种安全生产责任制、安全生产管理规定、安全卫生技术规范、岗位安全操作规程等），健全安全生产组织管理机构，配齐专（兼）职人员。

2.“安全具有否决权”的原则

“安全具有否决权”的原则是指安全工作是衡量企业经营管理工作好坏的一项基本内容。该原则要求，在对企业进行各项指标考核、评选先进时，必须首先考虑安全指标的完成情况，安全生产指标具有一票否决的作用。

3.“三同时”原则

“三同时”是指凡是我国境内新建、改建、扩建的基本建设项目（工程）、技术改造项目（工程）和引进的建设项目，其劳动安全卫生设施必须符合国家规定的标准，必须与主体工程同时设计、同时施工、同时投入生产和使用。

4.“五同时”原则

“五同时”是指企业的生产组织及领导者在计划、布置、检查、总结、评比生产工作的时候，同时计划、布置、检查、总结、评比安全工作。

5.“四不放过”原则

“四不放过”是指在调查处理工伤事故时，必须坚持事故原因分析不清不放过，事故责任者和群众没有受到教育不放过，没有采取切实可行的防范措施不放过和事故责任者没有被处理不放过。

6.“三个同步”原则

“三个同步”是指安全生产与经济建设、深化改革、技术改造同步规划、同步发展、同步实施。

（二）安全生产的要求

安全生产应制定以下制度：①安全生产责任制度；明确企业主要负责人是本单位安全生产第一责任人，强调要层层建立并认真落实责任制；②安全生产与企业改革发展“三同步”制度。强调要把安全生产纳入企业发展战略和规划的整体布局，做到同步规划、同步实施、同步发展；③安全工作“两定期”制度。要求企业领导班子定期分析安全形势，定期组织开展安全检查；④企业内部安全工作机构和人员力量配置制度；⑤安全培训和经营管理、特种作业人员的安全资格制度；⑥安全质量标准化工作制度。企业要加强安全质量管理，规范各环节、各岗位的安全质量行为；⑦重大隐患治理和应急救援制度。要加强对重大危险源的监控和重大隐患的治理，制定应急预案，建立预警和救援机制；⑧安全生产许可制度。企业必须依法取得安全生产许可证；⑨安全投入和“三同时”制度。企业要保障安全投入，安全设施要与主体工程同时设计、同时施工、同时投入生产和使用；⑩按照“四不放过”原则进行事故追查的制度；⑪ 工伤保险制度。企业要依法参加工伤社会保险，积极发展人身意外保险；⑫ 工作报告制度。企业安全生产工作的重大事项，要及时向安全监管部门和有关主管部门报告。

二、安全生产的相关法律法规

（一）安全生产责任制度

安全生产责任制是最基本的安全管理制度，是所有安全生产管理制度的核心。安全生产责任制是根据安全生产管理方针和“管生产必须管安全”的原则，将各级负责人员、各职能部门及其工作人员和各岗位生产工人在安全生产方面应做的事情及应负的责任加以明确规定的一种制度。具体来说，就是将安全生产责任分解到相关单位的主要负责人、项目负责人、班组长以及每个岗位的作业人员身上。

按照《建设工程安全生产管理条例》和《建筑施工安全检查标准》的有关规定，安全生产责任制度的主要内容如下：①安全生产责任制度主要包括企业主要负责人的安全责任，负责人或其他副职的安全责任，项目负责人（项目经理）的安全责任，生产、技术、材料等各职能管理负责人及其工作人员的安全责任，技术负责人（工程师）的安全责任，专职安全生产管理人员的安全责任，施工人员的安全责任，班组长的安全责任和岗位人员的安全责任等；②工程项目部专职安全人员的配备要按照住建部的规定，1 万平方米以下工程 1 人；1 万 ~ 5 万平方米的工程不少于 2 人；5 万平方米以上的工程不少于 3 人；③项目要对各级、各部门安全生产责任制规定检查和考核办法，并按照规定期限进行考核，对考核结果及兑现情况要有记录；④项目的主要工种要有相应的安全技术操作规程，包括砌筑、抹灰、混凝土、木工、电工、钢筋、机械、起重司机、信号指挥、脚手架、水暖、油漆、塔吊、电梯、电气焊等工种，特殊作业应另行补充。要将安全技术操作规程列为日常安全活动和安全教育的主要内容，并应悬挂在操作岗位前；⑤项目独立承包的工程在签订承包合同中必须有安全生产工作的具体指标和要求。工程由多单位施工时，总分包单位在签订分包合同的同时要签订安全生产合同（协议），签订合同前要检查分包单位的营业执照、企业资质证、安全资格证等。分包队伍的资质要与工程要求相符，在安全合同中要明确总分包单位各自的安全职责。原则上，实行总承包的由总承包单位负责，分包单位向总包单位负责，服从总包单位对施工现场的安全管理，分包单位在其分包范围内建立施工现场安全生产管理制度，并组织实施。

总而言之，企业实行安全生产责任制必须做到在计划、布置、检查、总结、评比生产的时候，同时计划、布置、检查、总结、评比安全工作。其内容大体分为横向和纵向两个方面：横向方面是各个部门的安全生产责任制，即各职能部门（如安全环保、设备、技术、生产、财务等部门）的安全生产责任制；纵向方面是各级人员的安全生产责任制，即从最高管理者、管理者代表到项目负责人（项目经理）、技术负责人（工程师）、专职安全生产管理人员、施工员、班组长和岗位人员等各级人员的安全生产责任制。只有这样，才能建立健全安全生产责任制，做到群防群治。

（二）安全生产教育培训制度

1. 管理人员的安全教育

管理人员安全教育的主要内容包括：①国家有关安全生产的方针、政策、法律、法规及有关规章制度；②安全生产管理职责、企业安全生产管理知识及安全文化；③有关事故案例及事故应急处理措施等。

2. 项目经理、技术负责人和技术干部的安全教育

项目经理、技术负责人和技术干部安全教育的主要内容包括：①安全生产方针、政策和法律、法规；②项目经理部安全生产责任；③典型事故案例剖析；④本系统安全及其相应的安全技术知识。

3. 行政管理干部的安全教育

行政管理干部安全教育的主要内容包括：①安全生产方针、政策和法律、法规；②基本的安全技术知识；③本职的安全生产责任。

4. 企业安全管理人员的安全教育

企业安全管理人员安全教育的主要内容应包括：①国家有关安全生产的方针、政策、法律、法规和安全生产标准；②企业安全生产管理、安全技术、职业病知识、安全文件；③员工伤亡事故和职业病统计报告及调查处理程序；④有关事故案例及事故应急处理措施。

5. 班组长和安全员的安全教育

班组长和安全员安全教育的主要内容包括：①安全生产法律、法规，安全技术及技能，职业病和安全文化的知识；②本企业、本班组和工作岗位的危险因素、安全注意事项；③本岗位安全生产职责；④典型事故案例；⑤事故抢救与应急处理措施。

6. 特种作业人员安全教育

特种作业人员安全教育的主要内容包括：①特种作业人员必须经专门的安全技术培训

并考核合格，取得《中华人民共和国特种作业操作证》后，方可上岗作业；②特种作业人员应当接受与其所从事的特种作业相应的安全技术理论培训和实际操作培训。已经取得职业高中、技工学校及中专以上学历的毕业生，从事与其所学专业相应的特种作业，持学历证明经考核发证机关同意，可以免于相关专业的培训；③跨省、自治区、直辖市从业的特种作业人员，可以在户籍所在地或者从业所在地参加培训。

7. 企业员工的安全教育

企业员工的安全教育主要有新员工上岗前的三级安全教育、改变工艺和变换岗位时的安全教育、经常性安全教育三种形式。

（1）新员工上岗前的三级安全教育

三级安全教育通常是指进厂、进车间、进班组三级，对建设工程来说，具体指企业（公司）、项目（或工区、工程处、施工队）、班组三级。企业新员工上岗前必须进行三级安全教育，按规定通过三级安全教育和实际操作训练流程，并经考核合格后方可上岗。

（2）改变工艺和变换岗位时的安全教育

企业（或工程项目）在实施新工艺、新技术或使用新设备、新材料时，必须对有关人员进行相应级别的安全教育。要按新的安全操作规程教育和培训参加操作的岗位员工和有关人员，使其了解新工艺、新设备、新产品的安全性能及安全技术，以适应新的岗位作业的安全要求。

当组织内部员工发生从一个岗位调到另外一个岗位，或从某工种改变为另一工种，或因放长假离岗一年以上重新上岗的情况，企业必须进行相应的安全技术培训和教育，以使其掌握现岗位安全生产特点和要求。

（3）经常性安全教育

无论何种教育都不可能一劳永逸，安全教育同样如此，必须坚持不懈、经常不断地进行，这就是经常性安全教育。在经常性安全教育中，安全思想、安全态度教育尤为重要。进行安全思想、安全态度教育，要通过采取多种多样形式的安全教育活动，激发员工搞好安全生产的热情，促使员工重视和真正实现安全生产。经常性安全教育的形式有：每天的班前班后会上说明安全注意事项，安全活动日，安全生产会议，事故现场会，张贴安全生产招贴画、宣传标语及标志等。

（三）安全生产群防群治制度

群防群治制度是“安全第一，预防为主”的具体体现，也是群众路线在安全工作中的具体体现，是生产经营单位进行民主管理的重要内容。要更好地搞好安全生产工作，确保工程的顺利进行，尽可能减少伤亡事故发生，仅仅靠有限的管理人员和安全监督员是不够的，需要大家共同努力、共同预防、共同治理，发动群众、组织群众，坚持安全生产、人人有责的原则。为此，有必要建立安全生产群防群治制度。

从实践中可知，建立建筑安全生产管理的群防群治制度，应当做到以下七点：①及时组织群众交流经验，取长补短，推动安全生产工作顺利开展。广泛深入发动群众查隐患、揭险情、订措施、堵漏洞，坚持贯彻以预防为主的方针；②项目工程施工过程中人人有责任，应时时刻刻关注整个环节安全生产状况，不能只顾自己的工作，忽视周围环境、设施和设备等安全状况，以免被他人及设备伤害；③项目部各班组每日上班前要进行安全交底、安全检查；每周进行事故隐患分析和讲评安全状况；定期开展无事故竞赛活动，群策群力，找事故苗子，查事故隐患，积极采取措施保证安全生产；④要求每位职工在接受上级有关部门和项目部安全监督管理员管理的同时，自己必须参与安全生产防患工作，多提安全防患建议，献计献策，要关心现场的作业环境隐患整改；⑤要求每位职工在生产过程中要多参与治理安全生产工作，发生隐患问题，立即报告项目部有关安全监督员，积极配合他人做好安全隐患整改工作；⑥若发现违章指挥、强令职工冒险作业，或在生产过程中发现明显重大事故隐患和职业危害，群众有权向有关部门提出停工解决的建议；⑦积极组织群众开展安全技能和操作规程的教育，执行安全生产规章制度，搞好安全生产。对安全生产献计献策的群众和管理人员要进行奖励，对不遵守安全生产制度违章作业者进行教育和处罚，形成一个群防群治的良好生产体系。

（四）安全生产许可制度

国家对矿山企业、建筑施工企业和危险化学品、烟花爆竹、民用爆破器材生产企业实行安全生产许可制度。企业未取得安全生产许可证的，不得从事生产活动。

《行政许可法》规定：直接涉及国家安全、公共安全、经济宏观调控、生态环境保护以及直接关系人身健康、生命财产安全等的特定活动，需要按照法定条件予以批准的事项。

《建筑施工企业安全生产许可证管理规定》明确，建筑施工企业申请安全生产许可证时，应当向建设主管部门提供下列材料：①建筑施工企业安全生产许可证申请表；②企业法人营业执照；③申请安全生产许可证应当具备的与安全生产条件相关的文件、材料。

建筑施工企业申请安全生产许可证，应当对申请材料实质内容的真实性负责，不得隐瞒有关情况或者提供虚假材料。

（五）安全责任追究制度

依照《安全生产法》的规定，各类安全生产法律关系的主体必须履行各自的安全生产法律义务，保障安全生产。《安全生产法》的执法机关将依照有关法律规定，追究安全生产违法犯罪分子的法律责任，对有关生产经营单位给予法律制裁。安全生产法律责任的主体也称安全生产法律关系主体（简称责任主体），是指依照《安全生产法》的规定享有安全生产权利、负有相应安全生产义务和承担相应责任的社会组织和公民。

三、从业人员安全生产的权利和义务

（一）从业人员安全生产的权利

从业人员有权对施工现场的作业条件、作业程序和作业方式中存在的安全问题提出批评、检举和控告，有权对不安全作业提出整改意见；有权拒绝违章指挥和强令冒险作业，在施工中发生危及人身安全的紧急情况时，从业人员有权立即停止作业或者在采取必要的应急措施后撤离危险区域。

（二）从业人员安全生产的义务

从业人员应当遵守安全施工的强制性标准、规章制度和操作规程，正确使用安全防护用具、机械设备，不得妨碍和伤害他人及不破坏公共利益和环境。从业人员进场前，应当接受安全生产教育培训，合格后方可上岗。

四、安全警示标志

安全警示标志是由安全色、几何图形、图像符号构成的，用以表示禁止、警告、指令和提示等安全信息，其目的是用于提示、警告从业人员，使其提高注意力，加强自我保护，避免事故的发生。它主要分为禁止标志、提示标志、警告标志、指令标志四类。

禁止标志：目的是禁止和制止人们的不安全行为，安全色为红色，图形为圆形中间带斜杠。

提示标志：是向人们提供目标所在位置与方向性的信息，安全色为绿色。

警告标志：目的是提醒人们预防可能发生的危险，安全色为黄色。

指令标志：目的是强制人们必须遵守的要求，安全色为蓝色。

第三节　施工现场危险源基础知识

一、施工现场危险源的分类

（一）第一类危险源

第一类危险源是施工过程中存在的可能发生意外能量释放（如爆炸、火灾、触电、辐射）而造成伤亡事故的能量和危险物质，包括机械伤害、电能伤害、热能伤害、光能伤

害、化学物质伤害、放射和生物伤害等。

（二）第二类危险源

第二类危险源是导致能量或危险物质的约束或限制措施破坏或失效的各种因素，包括机械设备、装置、原部件等性能低下而不能实现预定功能，即发生物的不安全状态；人的行为结果偏离被要求的标准，即人的不安全行为；由于环境问题促使人的失误或物的故障发生。

二、施工现场重大危险源的识别

（一）施工场所重大危险源

存在于分部分项工艺过程、施工机械运行过程和物料的重大危险源主要有：①脚手架、模板和支撑、起重塔吊，人工挖孔桩、基坑施工等局部结构工程失稳，造成机械设备倾覆、结构坍塌、人员伤亡等意外；②施工高度大于 2m 的作业面，因安全防护不到位、人员未配系安全带等造成人员踏空、滑倒等高处坠落摔伤或坠落物体打击下方人员等意外；③焊接、金属切割、冲击钻孔、凿岩等施工，临时电漏电遇地下室积水及各种施工电器设备的安全保护（如漏电、绝缘、接地保护、一机一闸）不符合要求，造成人员触电、局部火灾等意外；④工程材料、构件及设备的堆放与频繁吊运、搬运等过程中出于各种原因易发生堆放散落、高空坠落、撞击人员等意外。

（二）施工场所周围重大危险源

①人工挖孔桩、隧道掘进、地下市政工程接口、室内装修、挖掘机作业时损坏地下燃气管道等，因通风排气不畅造成人员窒息或中毒意外；②深基坑、隧道、大型管沟的施工，因为支护、支撑等设施失稳、坍塌，造成施工场所破坏、人员伤亡。基坑开挖、人工挖孔桩等施工降水，造成周围建筑物因地基不均匀沉降而出现倾斜、开裂、倒塌等意外；③海上施工作业由于受自然气象条件（如台风、汛、雷电、风暴潮等侵袭）影响，易发生船翻人亡且群死群伤意外。

三、施工现场重大危险源控制措施

（一）重大危险源的检查

①辨识各类危险因素及其原因；②依次评价已辨识的危险事件发生的概率；③评价危

险事件的后果；④进行风险评价，并评价危险事件发生概率和发生后果的联合作用；⑤风险控制，即将上述评价结果与安全目标值进行比较，检查风险值是否达到了接受水平，否则须进一步采取措施，降低危险水平。

（二）重大危险源的控制和管理

①项目部应加强对重大危险源的控制与管理，制定重大危险源的管理制度，建立施工现场重大危险源的辨识、登记、公示、控制管理体系，明确具体责任，认真组织实施；②对存在重大危险源的分部分项工程，项目部在施工前必须编制专项施工方案。专项施工方案除应有切实可行的安全技术措施外，还应当包括监控措施、应急预案以及紧急救护措施等内容；③专项施工方案由项目部技术部门的专业技术人员及监理单位安全专业监理工程师进行审核，由项目部技术负责人、监理单位总监理工程师签字。凡属建设部《危险性较大工程安全专项施工方案编制及专家论证审查办法》中规定的危险性较大工程，项目部应组织专家组对专项施工方案进行审查论证；④对存在重大危险部位的施工，项目部应按专项施工方案，由工程技术人员严格进行技术交底，并有书面记录和签字，确保作业人员清楚掌握施工方案的技术要领。重大危险部位的施工应按方案实施，凡涉及验收的项目，方案编制人员应参加验收，并及时形成验收记录；⑤项目部要对从事重大危险部位施工作业的施工队伍、特种作业人员进行登记造册，掌握作业队伍，采取有效措施。在作业活动中要对作业人员进行管理，控制和分析不安全的行为；⑥项目部应根据工程特点和施工范围，对施工过程进行安全分析，对分部分项工程、各道工序、各个环节可能发生的危险因素及物体的不安全状态进行辨识，并登记、汇总重大危险源明细；制定相关的控制措施，对施工现场重大危险源部位进行环节控制，并公示控制的项目、部位、环节及内容等，以及可能发生事故的类别、对危险源采取的防护设施情况及防护设施的状态，将责任落实到个人；⑦项目部项目工程部应将重大危险源公示项目作为每天施工前对施工人员安全交底内容，提高作业人员防范能力，规范安全行为；⑧安监部门应对重大危险源专项施工方案进行审核，对施工现场重大危险源的辨识、登记、公示、控制情况进行监督管理，对重大危险部位作业进行旁站监理。对旁站过程中发现的安全隐患及时开具监理通知单，问题严重的，有权停止施工。对整改不力或拒绝整改的，应及时将有关情况报当地建设行政主管部门或建设工程安全监督管理机构；⑨项目部要保证用于重大危险源防护措施所需的费用，及时划拨；施工单位要将施工现场重大危险源的安全防护、文明施工措施费单独列支，保证专款专用；⑩项目部应对施工项目建立重大危险源施工档案，每周组织有关人员对施工现场重大危险源进行安全检查，并做好施工安全检查记录；⑪ 各级主管部门或工程安全监督管理机构应对施工现场的重大危险源实施重点管理，进行定期或不定期专项检查。应重点检查重大危险源管理制度的建立和实施；检查专项施工方案的编制、审批、交底和过程控制；检查现场实物与内业资料的相符性；⑫ 各级主管部门或工程安全监督

管理机构和项目监理单位，应把施工单位对重大危险源的监控及施工情况作为工程项目安全生产阶段性评价的一项重要内容，落实控制措施，保证工程项目安全生产。

第四节　施工安全应急预案基础知识

一、施工安全应急预案概念

施工安全应急预案是对特定的潜在事件和紧急情况发生时所采取措施的计划安排，是应急响应的行动指南。

《安全生产法》规定，生产经营单位的主要负责人具有组织制定并实施本单位的生产安全事故应急救援预案的职责。《建设工程安全生产管理条例》进一步规定，施工单位应当制定本单位生产安全事故应急救援预案，建立应急救援组织或者配备应急救援人员，配备必要的应急救援器材、设备，并定期组织演练。

二、编制施工安全应急预案的目的和意义

编制应急预案的目的是防止紧急情况发生时出现混乱，使其能够按照合理的响应流程采取适当的救援措施，预防和减少可能随之引发的职业健康安全和环境影响。

施工生产安全事故多具有突发性、群体性等特点，如果施工单位事先根据本单位和施工现场的实际情况，针对可能发生事故的类别、性质、特点和范围等事先制定当事故发生时有关的组织、技术措施和其他应急措施，做好充分的应急救援准备工作，不但可以采用预防技术和管理手段降低事故发生的可能性，而且一旦发生事故，还可以在短时间内就组织有效抢救，防止事故扩大，减少人员伤亡和财产损失。

三、施工安全应急预案的编制

综合应急预案，应当包括本单位的应急组织机构及其职责、预案体系及响应程序、事故预防及应急保障、应急培训及预案演练等主要内容；专项应急预案，应当包括危险性分析、可能发生的事故特征、应急组织机构与职责、预防措施、应急处置程序和应急保障等内容；现场处置方案，应当包括危险性分析、可能发生的事故特征、应急处置程序、应急处置要点和注意事项等内容。

应急预案的编制应当符合下列基本要求：①符合有关法律、法规、规章和标准的规定；②结合本地区、本部门、本单位的安全生产实际情况；③结合本地区、本部门、本单

位的危险性分析情况；④应急组织和人员的职责分工明确，并有具体的落实措施；⑤有明确、具体的事故预防措施和应急程序，并与其应急能力相适应；⑥有明确的应急保障措施，并能满足本地区、本部门、本单位的应急工作要求；⑦预案基本要素齐全、完整，预案附件提供的信息准确；⑧预案内容与相关应急预案相互衔接。应急预案应当包括应急组织机构和人员的联系方式、应急物资储备清单等附件信息。

此外，《消防法》还规定，企业应当履行落实消防安全责任制，制定本单位的消防安全制度、消防安全操作规程，制定灭火和应急疏散预案的消防安全职责。

四、施工安全应急预案评审和备案

《生产安全事故应急预案管理办法》规定，建筑施工单位应当组织专家对本单位编制的应急预案进行评审，评审应当形成书面纪要并附有专家名单。应急预案的评审应当注重应急预案的实用性、基本要素的完整性、预防措施的针对性、组织体系的科学性、响应程序的可操作性、应急保障措施的可行性、应急预案的衔接性等内容。施工单位的应急预案经评审后，由施工单位主要负责人签署公布。

中央管理的总公司（总厂、集团公司、上市公司）的综合应急预案和专项应急预案，报国务院国有资产监督管理部门、国务院安全生产监督管理部门和国务院有关主管部门备案；其所属单位的应急预案分别抄送所在地的省、自治区、直辖市或者设区的市人民政府安全生产监督管理部门和有关主管部门备案。其他生产经营单位中涉及实行安全生产许可的，其综合应急预案和专项应急预案，按照隶属关系报所在地县级以上地方人民政府安全生产监督管理部门和有关主管部门备案。

生产经营单位申请应急预案备案，应当提交以下材料：应急预案备案申请表、应急预案评审或者论证意见、应急预案文本及电子文档。

对于实行安全生产许可的生产经营单位，已经进行应急预案备案登记的，在申请安全生产许可证时，可以不提供相应的应急预案，仅提供应急预案备案登记表。

五、施工生产安全事故应急预案的培训和演练

《国务院关于坚持科学发展安全发展促进安全生产形势持续稳定好转的意见》规定，应定期开展应急预案演练，切实提高事故救援实战能力。企业生产现场带班人员、班组长和调度人员在遇到险情时，要按照预案规定，立即组织停产撤人。

《生产安全事故应急预案管理办法》进一步规定，生产经营单位应当采取多种形式开展应急预案的宣传教育，普及生产安全事故预防、避险、自救和互救知识，提高从业人员安全意识和应急处置技能。生产经营单位应当组织开展本单位的应急预案培训活动，使有关人员了解应急预案内容，熟悉应急职责、应急程序和岗位应急处置方案。应急预案的要

点和程序应当张贴在应急地点和应急指挥场所，并设有明显的标志。

生产经营单位应当制订本单位的应急预案演练计划，根据本单位的事故预防重点，每年至少组织一次综合应急预案演练或者专项应急预案演练，每半年至少组织一次现场处置方案演练。应急预案演练结束后，应急预案演练组织单位应当对应急预案演练效果进行评估，撰写应急预案演练评估报告，分析存在的问题，并对应急预案提出修订意见。

六、施工生产安全事故应急预案的修订

《国务院关于坚持科学发展安全发展促进安全生产形势持续稳定好转的意见》进一步指出，建立健全安全生产应急预案体系，要加强动态修订完善。

《生产安全事故应急预案管理办法》进一步规定，生产经营单位制定的应急预案应当至少每三年修订一次，预案修订情况应有记录并归档。

有下列情形之一的，应急预案应当及时修订：①生产经营单位因兼并、重组、转制等导致隶属关系、经营方式、法定代表人发生变化的；②生产经营单位生产工艺和技术发生变化的；③周围环境发生变化，形成新的重大危险源的；④应急组织指挥体系或者职责已经调整的；⑤依据的法律、法规、规章和标准发生变化的；⑥应急预案演练评估报告要求修订的；⑦应急预案管理部门要求修订的。

生产经营单位应当及时向有关部门或者单位报告应急预案的修订情况，并按照有关应急预案报备程序重新备案。生产经营单位应当按照应急预案的要求配备相应的应急物资及装备，建立使用状况档案，定期检测和维护，使其处于良好状态。

七、职业安全与工业卫生基础知识

（一）职业危害的分类

1. 粉尘

生产性粉尘根据其理化特性和作用特点不同，可引起不同的疾病。

（1）呼吸系统疾病

长期吸入不同种类的粉尘可导致不同类型的尘肺病或其他肺部疾患。我国按病因将尘肺病分为 12 种，并作为法定尘肺列入职业病名单目录，它们是矽肺、煤工尘肺、石墨肺、炭黑尘肺、石棉肺、滑石尘肺、水泥尘肺、云母尘肺、陶工尘肺、铝尘肺、电焊工尘肺、铸工尘肺。

（2）中毒

吸入铅、锰、砷等粉尘，可导致全身性中毒。

（3）呼吸系统肿瘤

石棉、放射性矿物、镍、铬等粉尘均可导致肺部肿瘤。

（4）局部刺激性疾病

如金属磨料可引起角膜损伤、浑浊，沥青粉尘可引起光感性皮炎等。

2. 毒物

在生产中接触到的原料、中间产物、成品和生产过程中的废水、废渣等，凡少量即对人有毒性的，都称为毒物。毒物以粉尘、烟尘、雾、蒸气或气体的形态散布于车间空气中，主要经呼吸道和皮肤进入体内，其危害程度与毒物的挥发性、溶解性和固态物的颗粒大小等因素有关。毒物污染皮肤后，按其理化特性和毒性，有的起腐蚀或刺激作用，有的起过敏性反应，有些脂溶性毒物对局部皮肤虽无明显损害，但可经皮肤吸收，引起全身中毒。

3. 放射线

建筑施工中常用X射线和 γ 射线进行工业探伤、焊缝质量检查等，会对操作人员造成放射性伤害。

4. 噪声

噪声对人体的危害是全身性的，既可以引起听觉系统的变化，也可以对非听觉系统产生影响。这些影响的早期主要是生理性改变，长期接触比较强烈的噪声，可以引起病理性改变。此外，建筑作业场所中的噪声还干扰语言交流，影响工作效率，甚至可能引起意外事故。

5. 振动

振动对人体的影响分为全身振动和局部振动。全身振动是由振动源(振动机械、车辆、活动的工作平台）通过身体的支持部分（足部和臀部），将振动沿下肢或躯干传布全身引起振动为主。局部振动是振动工具、振动机械或振动工件传向操作者的手和臂。振动病主要是由于局部肢体（主要是手）长期接触强烈振动而引起的。长期受低频、大振幅的振动时，由于振动加速度的作用，可使植物神经功能紊乱，引起皮肤分析器与外周血管循环机能改变，可能出现一系列病变。

6. 弧光辐射

弧焊时的电弧温度高达5000 K以上，会产生强烈的孤光辐射，当弧光辐射长时间作用到人体，可能被体内组织吸收引起人体组织的致热作用、光化作用和电离作用，致使人体组织发生急性或慢性损伤，其中，以紫外线和红外线危害最为严重，并且这种危害具有重复性。

（1）紫外线

主要造成对皮肤和眼睛的伤害。皮肤受强烈紫外线照射后可引起弥漫性红斑、出现小水疱、渗出液、浮肿、脱皮、有烧灼感等。紫外线对眼睛的伤害是引起电光性眼炎。

（2）红外线

主要引起人体组织的致热作用。眼睛受到红外线的辐射，会迅速产生灼伤和灼痛，形成闪光幻觉感，并且氩弧焊红外线的作用又大于手弧焊。

7. 高温作业

在高气温或同时存在高湿度或热辐射的不良气象条件下进行的劳动，通称为高温作业。高温作业按其气象条件的特点可分为高温强辐射作业、高温高湿作业和夏季露天作业三个基本类型。高温环境容易影响人体的生理及心理状态，在这种环境下工作，除了会影响工作效率外，更会引发各种意外和危机。中暑是高温作业中最常发生的职业病，中暑可分为热射病、热痉挛和日射病。在实际工作中遇到的中暑病例，常常是三种类型的综合表现。

（二）工业卫生主要危险及有害因素分析

1. 火灾、爆炸

工业事故中，火灾与爆炸灾害占有很高的比例，所造成的灾害损失也最大。爆炸是由于能量迅速解放所引发，爆炸的破坏力非常大。

2. 机械伤害

机械伤害指机械设备与工具引起的绞、辗、碰、割、戳、切等伤害，如工件或刀具飞出、切屑伤人、手或身体被卷入、手或其他部位被刀具碰伤、被转动的机构缠住等，但属于车辆、起重设备的情况除外。机械伤害主要包含以下四种情况：各类机械设备对人体造成的一切伤害；随机械部件运转的工件对人体的伤害；机械零件、部件及其被夹持的工件或它们的碎片飞起伤人；组成车辆的机械部件对人体的伤害。

机械伤害的主要形式有以下七种：

（1）卷入

在机械系统传输能量的突出部分（如突出的螺杆头等）或皮带系统的咬合部位，由于人的错误动作，使人体因袖口、衣襟、手套、发辫等被缠绕而卷入机内受到伤害。

（2）夹辗

相互啮合并旋转着的齿轮对、轧辊等将人体夹入辗伤。

（3）切刈

机械的刀具、锯齿、叶片等将人体某部位切刈伤害。

（4）锤击

动力驱动的锤头伤人。

（5）飞物击伤

机械部位或所夹持的工件及它们的碎片飞起伤人。

（6）挤压

升降台下落压伤人体。

（7）摩擦或碰撞

机械部件与人体相互运动时将人体碰伤或擦伤。

3. 触电

触电伤害表现为多种形式，电流通过人体内部器官，会破坏人的心脏、肺部、神经系统等，使人出现痉挛、呼吸窒息、心室纤维性颤动、心跳骤停甚至死亡。触电事故即电流通过人体引起人体内部器官的创伤甚至造成死亡，或引起人体外部器官的创伤。建筑施工现场的触电事故主要是由于配电线路架设、电气设备安装和起重机械运行不符合安全技术要求，以及存在想凑合使用而乱拉乱接电线等现象所造成的。触电大多数是由于轻视电的危险性，缺乏用电常识，以及设备不合格或忽视设备缺陷的危险性而造成的。在建筑施工中，应严格遵守安全用电规范，减少和避免触电事故的发生。触电主要伤害形式包括：人体接触带电的设备金属外壳、裸露的临时线、漏电的手持电动工具等；起重设备误触高压线或感应带电；雷击伤害；触电坠落。

4. 高处坠落

高处坠落事故是由于高处作业引起的，故可以根据高处作业的分类形式对高处坠落事故进行简单的分类。根据《高处作业分级》的规定，凡在坠落高度基准面 2m 以上（含 2m）有可能坠落的高处进行的作业，均称为高处作业。根据高处作业者工作时所处的部位不同，高处作业坠落事故可分为：临边作业高处坠落事故、洞口作业高处坠落事故、攀登作业高处坠落事故、悬空作业高处坠落事故、操作平台作业高处坠落事故、交叉作业高处坠落事故等。

5. 起重伤害

起重伤害是指从事起重作业时引起的机械伤害事故，包括各种起重作业引起的机械伤害，但不包括触电、检修时制动失灵引起的伤害、上下驾驶室时引起的坠落式跌倒。起重伤害的种类主要有以下六种：

（1）物体打击类

起重过程中因吊荷或钢绳坠落或摆动伤人，如吊物脱钩砸人、钢绳断裂抽人、移动吊物撞人等。

（2）倒塌类

起重过程中，吊荷放置不稳倒塌或因吊荷及吊钩等起重设备的构件摆动以及落地时振动、起重指挥人员作业时碰撞，而引起原有堆置物倒塌伤人。

（3）倾覆类

起重过程中因设备有缺陷或支垫不平或地基不良而引起的起重设备倾覆伤人。

（4）机械伤害类

起重作业时起重设备的机械部分伤人，如人员被起重作业的起重设备挤压、绞入钢绳或滑车等受伤。

（5）坠落类

起重过程中发生的人员坠落。

（6）其他类

如起重作业过程中人员被夹伤、跌倒等。

起重伤害的主要形式主要有以下五种：重物坠落、起重机失稳侧翻、高处坠落、挤压、其他伤害。

6. 中毒窒息

中毒指人员接触、吸入有毒物质或误吃有毒食物而引起的人体急性中毒事故，不含放炮引起的炮烟中毒。窒息指人的肺部不能正常吸进空气（氧气）和不能充分把体内产生的 CO_2 排出体外时所产生的一种现象，可分为外窒息和内窒息。外窒息是由掩盖假死或溺水引起的；内窒息是由于空气中氧气不足及其他有害气体引起的。窒息多数发生在废弃的坑道、暗井、涵洞、地下管道等不通风的地方。因为氧气缺乏所发生的突然晕倒甚至死亡的事故，两种现象合为一体，称为中毒和窒息事故，不适用于病理变化导致的中毒和窒息的事故，也不适用于慢性中毒的职业病导致的死亡。

7. 灼伤（烫伤）

灼伤（烫伤）包括强酸、强碱溅到身体上引起的灼伤，火焰引起的烧伤，高温物体引起的烫伤，放射线引起的皮肤损伤等事故，适用于烧伤、烫伤、化学灼伤、放射性皮肤损伤等伤害，不包括电烧伤以及火灾事故引起的烧伤。

（三）职业安全与工业卫生控制技术及防范措施

职业安全与工业卫生控制技术及防范措施主要从作业场所防护、个人防护和检查三个方面进行。

1. 尘肺病预防控制措施

（1）作业场所防护措施

加强水泥等易扬尘材料的存放处、使用处的扬尘防护，任何人不得随意拆除，在易扬尘部位设置警示标志。

（2）个人防护措施

落实相关岗位的持证上岗，给施工作业人员提供扬尘防护口罩，杜绝施工操作人员的超时工作。

（3）检查措施

在检查项目工程安全的同时，检查工人作业场所的扬尘防护措施的落实，检查个人扬尘防护措施的落实，每月不少于一次，并指导施工作业人员减少扬尘的操作方法和技巧。

2. 眼病的预防控制措施

（1）作业场所防护措施

为电焊工提供通风良好的操作空间。

（2）个人防护措施

电焊工必须持证上岗，作业时佩戴有害气体防护口罩、眼睛防护罩，杜绝违章作业，采取轮流作业，杜绝施工操作人员的超时工作。

（3）检查措施

在检查项目工程安全的同时，检查落实工人作业场所的通风情况及个人防护用品的佩戴，实行 8 小时工作制，及时制止违章作业。

3. 振动病的预防控制措施

（1）作业场所防护措施

在作业区设置防职业病警示标志。

（2）个人防护措施

机械操作工要持证上岗，佩戴振动机械防护手套，延长换班休息时间，杜绝作业人员的超时工作。

（3）检查措施

在检查工程安全的同时，检查落实警示标志的悬挂、工人持证上岗、防震手套佩戴，且其工作时间不超时等情况。

4. 中毒预防控制措施

（1）作业场所防护措施

加强作业区的通风排气措施。

（2）个人防护措施

相关工种持证上岗，给作业人员提供防护口罩，采取轮流作业，杜绝作业人员的超时工作。

（3）检查措施

在检查工程安全的同时，检查落实作业场所的良好通风、工人持证上岗、佩戴口罩、工作时间不超时等情况，并指导提高中毒事故中职工救人与自救的能力。

5. 噪声引起的职业病的预防控制措施

（1）作业场所防护措施

在作业区设置防职业病警示标志，对噪声大的机械加强日常保养和维护，减少噪声污染。

（2）个人防护措施

为施工操作人员提供劳动防护耳塞，采取轮流作业，杜绝施工操作人员的超时工作。

（3）检查措施

在检查工程安全的同时，检查落实作业场所的降噪措施，让工人佩戴防护耳塞，且其工作时间不超时。

6. 高温中暑的预防控制措施

（1）作业场所防护措施

在高温期间，为职工备足饮用水或绿豆汤、防中暑药品和器材。

（2）个人防护措施

减少工人工作时间，尤其是延长中午休息时间。

（3）检查措施

夏季施工，在检查工程安全的同时，应检查落实饮水、防中暑物品的配备，让工人劳逸适宜，并指导提高中暑情况发生时职工救人与自救的能力。

7. 其他相应职业病的预防控制措施

针对长期超时、超强度工作，精神长期过度紧张等因素造成相应职业病，其预防控制措施包括：

（1）作业场所防护措施

提高机械化施工程度，减小工人劳动强度，为职工提供良好的生活、休息、娱乐场所，加强施工现场的文明施工。

（2）个人防护措施

不盲目抢工期，即使抢工期也必须安排充足的人员使其能够按时换班作业，采取8小时作业换班制度；及时发放工人工资，稳定工人情绪。

（3）检查措施

按时检查工人劳动强度、文明施工、工作时间不超时、工人工资发放等情况。

第三章　建筑工程安全生产技术与管理

第一节　土方工程安全技术

土方工程施工往往具有工程大、劳动繁重和施工条件复杂等特点。土方工程施工同时又受到气候、水文地质、邻近建（构）筑物、地下障碍物等因素的影响，不可确定的因素较多，且土方工程涉及的工作内容也较多，包括土的挖掘、填筑和运输等过程以及排水、降水、土壁支护等准备工作和辅助工作。由于土方工程施工具有上述特点，稍有不慎，极易造成安全事故，一旦事故发生，受到的损失是巨大的。因此，在土方工程施工前，应进行充分的施工现场条件调查（如地下管线、电缆、地下障碍物、邻近建筑物等），详细分析与核对各项技术资料（如地形图、水文与地质勘查资料及土方工程施工图），正确利用气象预报资料，根据现有的施工条件，制订安全有效的土方工程施工方案。

一、上方开挖施工的一般安全要求

（一）清理障碍物

施工前，针对施工区域内存在的各种障碍物，如道路、沟渠、管线、防空洞、旧基础、坟墓、树木等，凡影响土方工程施工的障碍物均应拆除、清理或迁移，并在施工前妥善处理，确保土方工程施工安全。

（二）编制专项施工方案

大型土方和开挖较深的基坑工程，施工前要认真研究整个施工区域和施工场地内的工程地质和水文资料、邻近建筑物或构筑物的质量和分布状况、挖土和弃土要求、施工环境及气候条件等，编制专项施工组织设计（方案），制定有针对性的安全技术措施，严禁盲目施工。土方工程施工方案必须经单位总工程师审核，对于开挖基坑深度超过 7m 的土方施工方案，必要时应通过专家论证报上级主管部门备案。

（三）制定周边环境的安全技术措施

土方开挖前，应会同有关单位对附近已有建筑物或构筑物、道路、管线等进行检查和鉴定，对可能受开挖的降水影响的邻近建(构)筑物、管线，应制定相应的安全技术措施，并在整个施工期间，加强监测其沉降和位移、开裂等情况，发现问题应及时与设计或建设单位联系，协商采取防护措施，妥善处理。

（四）合理确定挖土顺序

在无内支撑的基坑中，土方开挖应遵循“土方分层开挖、垫层随挖随浇”的原则；在有支撑的基坑中，应遵循“开槽挖撑、先撑后挖、分层开挖、严禁超挖”的原则；当相邻基坑深度不等时，一般应遵循先挖深坑土方、后挖浅坑土方的顺序，若受到条件限制，必须先挖浅坑土方，则应分析先施工的较浅基坑工程对后施工的较深基坑工程的影响和危害，并采取必要的安全保护措施。土方开挖时，应自上而下逐层进行，严禁先挖坡脚、掏洞作业等不安全的操作行为。

（五）确保基坑边坡稳定

基坑开挖工程应验算边坡或基坑的稳定性，并注意由于土体内应力场变化和淤泥土的塑性流动而导致周围土体向基坑开挖方向位移，使基坑邻近建筑物等产生相应的位移和下沉，验算时应考虑地面堆载、地表积水和邻近建筑物的影响等不利因素，决定是否需要支护，选择合理的支护形式。在基坑开挖期间应加强监测，发现滑坡、失稳预兆，应立即停止施工。必要时，所有作业人员和施工机械撤至安全地带，同时采取相应的措施。

此外，土方开挖后，应尽量减少对地基土的扰动，及时浇筑基础混凝土，尽量缩短基坑暴露时间，以防止出现橡皮土现象。若基础不能及时施工，可预留 100 ~ 300mm 的土层，待基础施工之前挖除。基础结构完成后，应及时做好基坑的回填工作；深基坑坑顶四周须设安全防护栏杆，以防止施工人员坠落，在基坑的恰当位置，应挖设供作业人员上下用踏步梯或设置专用爬梯，施工人员不得踩踏土坡边坡或土壁支撑件；在土方开挖过程中，应保证开挖者之间的安全距离，若采用人工挖土，则两人操作距离应大于 2m，若多台挖土机同时开挖，则挖土机间距应大于 10m。

土方开挖应尽可能避免在雨季作业。土方开挖之前以及在开挖过程中，应做好地面排水和地下降水工作，以防止地表水流入基坑使地基土遭水浸泡后导致地基承载力下降；防止边坡土因雨水渗入增加其自重后出现塌方现象；防止流沙现象。

二、合理确定上方边坡坡度

（一）边坡稳定要求

土方开挖应考虑边坡稳定性的要求。所谓边坡稳定，是指基坑上的部分土体脱离，沿着某一个方向向下滑动所需要的安全度。例如，砂性土的边坡稳定，当砂性土的坡度小于土的内摩擦角时，一般就不会产生滑坡，有时则须通过边坡稳定验算确定。否则处理不当，就会产生安全事故。因此，合理确定边坡坡度，是有效防止土壁塌方，保证边坡稳定的基本条件。

土方边坡坡度应根据土质条件、开挖深度、施工工期、坡顶荷载、地下水位以及气候情况等因素综合确定。

地质条件良好、土质均匀且地下水位低于基坑（槽）或管沟底面标高时，挖方深度在5m以内，开挖后暴露时间不超过15d。

基坑深度大于5m且无地下水时，如现场条件允许，可将坑壁坡度适当放大，或采取台阶式的放坡形式，并在坡顶和台阶处加设1m以上的平台。

（二）护坡（壁）要求

土方工程施工除合理确定边坡外，还要进行护坡处理，以防边坡发生滑动与塌方。一般对临时边坡可采用钢丝网细石混凝土（或砂浆）护坡面层，对永久性的边坡（如堤坎、河道等）应做永久性加固，可采用石块挡墙、钢筋混凝土护坡等。

土质均匀且地下水位低于基坑（槽）或管沟底面标高及挖土高度满足下列要求时，其挖方边坡可做成直立壁不加支撑：①密实，中实的砂土和碎石类土，挖土深度≤1m；②硬型,可塑的轻亚黏土和碎亚黏土，挖土深度≤1.25m；③硬塑、可塑的黏土和碎石类土，挖土深度≤1.5m；④坚硬的黏土，挖土深度≤2m。

基坑（槽）或管沟挖好后，应及时进行地下结构和安装工程施工。在施工过程中，应经常检查坑壁的稳定情况。

施工时间较长，挖方深度大于1.5m的基坑（槽）或管沟直立壁，宜用工具式内支撑加固；而对于放坡开挖工作量过大、无场地放坡、易发生流沙的土质及地下结构外墙为地下连续墙的基坑（槽）和管沟，应设置土壁支护结构。

（三）坑顶堆载要求

坑顶堆载也是引发安全事故的要素之一。挖出的土方要及时外运，不得堆置在坡顶或坡面上，也不得堆置在桩基周围、墙基和围墙一侧。当弃土必须在坡顶或坡面上进行转运须临时堆放时，应进行边坡稳定性验算，严格控制堆放的土方量。当土质良好时，弃土或材料的堆放应距基坑边缘0.8m以外，高度不宜超过1.5m。深基础施工的垂直运输机械若设置在基坑边缘，机械布置处的地基必须经过加固处理，且机械的支撑脚距基坑边最近距离不得小于0.8m。

第二节　基坑支护施工安全技术

一、基坑支护工程安全技术

基坑支护工程是一种风险性大的系统工程，其设计和施工必须确保基坑支护本身及周边环境的安全，且必须遵循根据检测与监测结果进行动态设计与信息化施工相结合的原则。

（一）基坑支护的含义

1. 建筑基坑

建筑基坑为进行建筑物（包括构筑物）基础与地下室的施工所开挖的地面以下空间。

2. 基坑侧壁

基坑侧壁为构成建筑基坑围体的某一侧面。

3. 基坑周边环境

基坑周边环境是基坑开挖影响范围内包括既有建（构）筑物、道路、地下设施、地下管线、岩土体及地下水体等的统称。

4. 基坑支护

基坑支护为保证地下结构施工及基坑周边环境的安全，对基坑侧壁及周边环境采用的支挡、加固与保护措施。

5. 深基坑工程

①开挖深度超过 5m（含 5m）的基坑或基槽的土方开挖、支护、降水工程；②开挖深度虽未超过 5m，但地质条件、周围环境和地下管线复杂，或影响毗邻建（构）筑物安全的基坑（槽）的土方开挖、支护、降水工程。

（二）基坑侧壁安全等级划分

根据建筑基坑工程破坏可能造成的后果，基坑支护工程应按表 3-1 确定其安全等级。

表 3-1　基坑侧壁安全等级

安全等级	破坏后果	基坑的环境条件
一级	支护结构破坏或土体失稳或过大变形对基坑周围环境和地下结构施工影响严重	（1）开挖深度大于或等于 14m 且在 3 倍开挖深度范围内有重要建（构）筑物、重要管线和道路等市政设施或在 1 倍开挖深度范围内有非嵌岩桩基础埋深小于基坑深度的建筑物 （2）基坑位于地铁、隧道等大型地下设施安全保护区范围内
二级	支护结构破坏或土体失稳或过大变形对基坑周边环境影响一般，但对地下结构施工影响严重	除一级和三级以外的基坑工程
三级	支护结构破坏或土体失稳或过大变形对基坑周边环境和地下结构施工影响不严重	开挖深度小于 6m，在周围 3 倍开挖深度范围无特殊要求的建（构）筑物、管线和道路等市政设施

注：①从一级开始，向二、三级推定，以最先满足为准。

②有特殊要求的建筑基坑侧壁安全等级可根据具体情况另行确定。

二、基坑支护工程的特点和要求

（一）基坑支护工程的一般特点

基坑支护是临时结构，安全储备相对较小，风险性较大。基坑支护具有很强的区域性和个案性，其由场地的工程、水文地质条件和岩土的工程性质以及周围环境条件的差异性所决定，因此，该工程的设计和施工，必须因地制宜，切忌生搬硬套。基坑支护是一项综合性较强的系统工程，不仅涉及结构、岩土、工程地质及环境等多门学科，而且基坑支护和土体加固、开挖、降水等工序环环相扣，紧密相连。具有较强的时空效应，支护结构所承受的荷载（如土压力）及其产生的应力和变形在时间上和空间上具有较强的变异性，在软黏土和复杂体形基坑工程中尤为突出。对周边环境会产生较大影响。基坑开挖、降水势必引起周围场地土的应力和地下水位发生改变，使土体产生变形，对相邻建（构）筑物、道路和地下管线等产生影响，严重者将危及它们的安全和正常使用。大量土方运输也将对交通和环境卫生产生影响。

（二）基坑支护工程的安全特点

基坑支护是一个综合性的岩土工程难题，既涉及土力学中典型的强度、稳定及变形问题，同时还涉及土与支护结构的共同作用问题。施工全过程实际上是一个对支护结构施加荷载的过程，任何超控都会使得支护结构超载工作，必然导致严重后果。支护结构的侧向荷载为基坑外侧水、土压力，其荷载变化还受季节的影响，如较长的雨期可能造成侧向荷载的较大变化。

（三）基坑支护工程的要求

保证基坑周围边坡土体的稳定性，同时满足地下室施工有足够空间的要求，这是土方开挖和地下室施工的必要条件。保证基坑周围相邻建（构）筑物和地下管线等设施在基坑支护和地下室施工期间不受损害。即坑壁土体的变形，包括地面和地下土体的垂直和水平位移要控制在允许范围内。采取截水、降水、排水等措施，保证基坑工程施工作业面在地下水位以上。

三、支护结构的设计

（一）基坑支护工程设计的基本原则相关规定

1. 基坑支护工程设计的基本原则

①在满足支护结构本身强度、稳定性和变形要求的同时，确保周围环境的安全；②在保证安全可靠的前提下，设计方案应具有较好的技术经济和环境效应；③为基坑支护工程施工和基础施工提供最大限度的施工方便，并保证施工安全。

2. 基坑支护工程设计的相关规定

①设计单位必须具有相应的岩土工程设计资质，其中，建筑边坡高度超过 15m、深基坑工程地下室 2 层以上（含 2 层），深度超过 7m 且地质条件和周围环境较复杂、工程影响较大，或者超过规范规定的边坡及基坑工程，设计单位应具有岩土工程设计甲级资质，设计文件应有具有一级注册结构工程师参与；②设计单位应当根据地质情况、周围环境、主体设计要求和施工条件等进行多方案比较，优化设计；③基坑支护结构均应进行极限承载力状态的计算，计算内容包括支护结构和构件的受压、受弯、受剪承载力计算和土体稳定性计算。对于重要基坑工程还应验算支护结构和周围土体的变形；④基坑降水和止水帷幕设计以及支护墙的抗渗设计，其中包括基坑开挖与地下水变化引起的基坑内、外土体的变形验算（如抗渗稳定性验算、坑底突涌稳定性验算等）及其对基础桩、邻近建（构）筑物、

重要管线和周边环境的影响评价，并明确提出避免对周围环境和邻近建筑物、构筑物、道路、管线等造成损害的技术要求和措施。应有避免造成结构性损坏措施和防范生产安全事故的指导意见；⑤设计图纸及文件必须注明支护结构、周边重要建（构）筑物、重要管线及周边土体的控制变形值；相关的基坑开挖方案、施工工艺、施工安全措施说明及注意事项；基坑监测要求和明确基坑变形的预警值；应急预案等。

（二）基坑支护工程设计方案的安全论证

建筑边坡高度超过 15m、深基坑工程地下室 2 层以上（含 2 层），深度超过 7m 且地质条件和周围环境较复杂、工程影响较大，或者超过规范规定的边坡与深基坑工程的设计方案，建设单位应按照国家、省、市要求组织专家进行专项论证。其余的建筑边坡和深基坑工程应由建设单位组织专家进行专项论证。施工图设计文件报送施工图审查机构审查时，应附专项论证意见。提供论证的设计方案应当包括支护结构、挖土、降排水措施、地表水的排泄与疏导、环境保护、监测、应急措施等内容，工程设计计算和分析必须按照国家和省有关规定、标准、规范进行，符合设计文件编制深度的要求。

四、基坑工程施工安全

（一）基坑工程施工的危险因素

建筑施工过程存在着危险，而基坑工程施工中的危害主要包括土方坍塌、物体打击、高处坠落等。

1. 土方坍塌

土方坍塌将使施工人员部分或全部埋入土中，造成窒息死亡的重大事故。而抢救被埋的人员又比较困难，用工具挖土怕伤人，用手扒土速度又太慢。因此，一旦发生此类事故，其危害性较严重。

2. 物体打击

①挖出的泥石堆可能滚落并砸伤坑内的作业人员；②堆放在沟边的材料不稳定散落到基坑内伤人。

3. 高处坠落

①没有设置跨越基坑的桥板，造成人员跳跃失足坠入基坑；②未设上下基坑、沟槽的梯子，造成人员上下攀爬时坠落；③桥板或梯子质量不合要求所造成的坠落。

另外，在上述坠落发生的同时，还可能引起土方坍塌而将坠落者埋没。

4. 地下障碍物

①电缆容易引起触电和其他电气事故；②煤气管道可能造成泄漏和爆炸事故；③化工管道可能造成毒气泄漏。

因此，在基坑工程施工前要进行场地的勘察工作，其中也应包括地下障碍物。

5. 机械设备

①土方机械离基坑边缘过近，造成基坑边缘负荷过大而塌方，并使挖土机倾翻伤人；②设备失灵，造成机械失控撞人和倾翻；③机械与人工同时作业，发生车辆伤害；④使用潜水泵抽水时，由于漏电造成触电伤害。

另外，噪声、废气、振动也严重影响作业人员的情绪和身体健康。

6. 场地环境

①紧临基坑的建筑物或设施（如走行人的栈桥等）的意外坠落物给下方作业人员造成伤害；②基坑上空有高压电力线时，在使用长金属杆或塔架等机械的施工中，不小心与高压线接触而发生触电伤害。

（二）基坑工程施工安全注意事项

①施工前应勘探施工现场，调研场地的地质水文情况，有无地下管线、电缆光纤等及周边建（构）筑物、道路、高压线的情况。②认真学习施工图纸，根据施工总体计划安排，确定基坑工程的施工方案（含施工程序、施工机械的选用及投入数量等），并附有安全验算结果，经施工单位技术负责人、总监理工程师签字后实施。③根据基坑设计说明的基坑开挖工况要求，确定土方开挖施工顺序，同时根据施工工期和工程所在地每天可外运土的时间，确定土方开挖的工期，从而计算每天的土量。④根据施工总平面布置和每天的出土量，确定出土路线、运输车道的布置。⑤开挖深度超过5m（含5m）的基坑（槽）的土方开挖、支护、降水工程；开挖深度虽未超过5m，但地质条件、周围环境和地下管线复杂，或影响毗邻建（构）筑物安全的基坑（槽）的土方开挖、支护、降水工程，由施工总承包单位组织专家对施工专项方案进行论证。⑥止水帷幕、支护结构的质量是深基坑施工能否顺利开展的关键，故在施工过程中，要控制止水帷幕、支护结构的质量，并确保位置准确。⑦土方开挖施工过程中，要分层分段开挖，并严格控制开挖程序，同时要做好排水、降水措施。⑧采用内支撑方案时，应制订内支撑换撑方案，并严格按方案进行施工。⑨控制好管涌、流沙、坑底隆起、坑外地下水位的变化和地表的沉陷等。⑩控制好坑外建筑物、道路和管线等的沉降、位移。

五、基坑防护

基坑防护是基础施工期间地面以下作业面和基坑边的防护工作，编制安全技术措施时，应根据施工现场情况有针对性地考虑虑人员上下基坑及坑边防护。基坑防护的要求如下：深度超过 2m 的基坑施工，其临边应设置防止人及物体滚落基坑的措施并设警示标志，必要时应配专人监护。基坑周边搭设的防护栏，其栏杆的规格、栏杆的连接以及搭设方式等必须符合《建筑工程高处作业安全技术规范》的规定。应根据施工设计设置基坑交叉作业和施工人员上下的专用梯子和安全通道，不得攀登护壁支撑上下。夜间施工时，施工现场应根据工程实际情况设置照明设施，在危险地段应设置红灯警示。基坑内作业、攀登作业及悬空作业均应有安全的立足点和防护设施。

第三节　地下水控制

在基坑开挖及基础施工过程中，经常会遇到地下水渗入和地表水流入坑内，土体经水浸泡后，造成边坡失稳、坍塌以及地基承载力下降，影响正常施工等情况。因此，在基坑施工中，必须采取有效措施，及时进行止水、排水、降水和地面截水工作。

一、基坑止水帷幕

（一）高压喷射注浆止水帷幕

在基坑支护工程中主要以止水帷幕阻止地下水沿水平方向流入基坑，同时起到防水、防渗作用，高压喷射注浆止水防渗，可铺在各种桩、板墙壁间注浆，与桩、板形成一个封水挡土结构，也可单独作为基坑外设止水帷幕兼做挡土、直径一般为 0.6 ~ 1.5m，最大直径为 2m。桩长深达 45m，其基坑压强高达 5 ~ 10MPa，高压喷射注浆止水帷幕适用于淤泥、淤泥质土、黏土、砂土、人工填土等。

高压喷射注浆可根据形成浆体的形态采用旋喷、定喷和摆喷等施工工艺。根据工程需要和土质条件，可分别采用单管法、双管法和三管法。加固形状可分为柱状、壁状、条状和块状。

（二）水泥土搅拌桩止水帷幕

水泥土搅拌桩止水帷幕是利用水泥系作为固化剂，通过特殊的搅拌桩机在地基深处就地将软黏土与水泥浆（粉）强制拌和后，首先发生水泥分解，水化反应生成水化物，然后水化物胶结与颗粒发生离子交换，经粒化作用以及硬凝反应，形成具有一定强度和稳定性的水泥加固土，从而提高地基土防水、防渗性能，水泥土搅拌桩直径一般为 0.5 ~ 0.6m，桩间搭接 0.15m，桩长以进入不透水层 1m 左右为宜，但场地地下水较丰富时，可设置双排搅拌桩作为止水帷幕。

二、施工安全管理

（一）高压喷射注浆止水施工安全措施

①高压泥浆泵应全面检查和清洗干净，防止泵体的残渣和铁屑存在，各密封圈应完整无泄漏，安全阀中的安全销要进行试压检验，确保能在额定最高压力时断销卸压，压力表应定期检查，保证正常使用，一旦发生故障，应立即停泵停机排除故障。②人员须熟练掌握操作技能，了解注浆全过程及钻机旋喷注浆作用。③浆液材料不要受潮或变质，使用水泥不应受潮，不用结块或过期水泥，对外加剂要分别存放，浆液材料及外加剂均应采用无毒材料。高压胶管不能超过压力范围使用，使用时屈弯不小于规定的弯曲半径，防止高压胶管破裂，延长使用时间。

（二）水泥搅拌桩施工安全措施

①施工现场事先应予以平整，必须清除地上和地下的障碍物。②搅拌机械及起重设备，在地面土质松软状态施工时，场地要铺填石块、碎石并经平整压实以满足耐压力要求，根据土层情况，采取铺垫枕木、钢板或特制路轨箱等措施。③搅拌机的入土切削和提升搅拌，当荷载太大及电动机工作电流超过额定值时，应减慢升降速度或补给清水，一旦发生卡钻或停钻现象，应切断电源，将搅拌机强制提起之后，才能重新启动电动机。④成桩应采用二次搅拌工艺，喷浆搅拌时钻头的提升或下降不宜大于0.5m/min，应使压浆速度和提升（或下沉）速度相配合，确保额定浆量在桩身长度范围内均匀分布。⑤搅拌机电网电压低于380V时应暂停施工，以保护电动机。⑥水泥浆内不得有硬结块，以免吸入泵内损坏缸体。每日完工后，须彻底清洗一次，喷浆搅拌施工过程中，如果发生故障停机超过0.5h，宜先拆卸管路，排除灰浆，妥为清洗，灰浆泵应定期拆开清洗，注意保持齿轮减速器内润滑油清洁。⑦当通到砂层下直接进入强、中风化地层时，注意接合部位的注浆效果，改进工具，尽量将端头叶片往下移，减小叶片到钻头的距离。不提钻头，注浆一段时间并放慢搅拌速度，多喷浆。

止水幕墙常见问题的处理措施包括：止水幕墙常见问题是达不到预期的止水效果，其原因是搅拌桩的搭接质量，故搅拌桩的搭接质量直接关系到基坑止水的质量，因此，必须特别重视。搅拌桩搭接包括桩间搭接和接桩搭接。桩间搭接是指构成整体支护的各个桩体在不同方向的径向连接；接桩搭接指施工中因故障中断制桩，在故障排除后，须进行桩体轴向的连接。

因工序必须超时，可在被搭接的桩施工完毕后的3h以上和8h以内，在搭接桩位上用清水钻，去搭接桩位上的固结料，然后标出该桩的桩心位置，以便后期搭接桩的施工。

因其他故障超时，可紧贴搭接桩的边缘施工搭接桩，搭接桩施工完工的 3h 以上和 8h 以内，在两桩的桩心距中间部位，以 ϕ250mm 的刮刀钻头钻一个小孔，用水灰比为 0.6 ：1 的水泥自下向上注浆至桩顶，使之胶结连接。

（三）基坑排降水安全措施

①基坑工程的排水或降水，施工前均应考虑对邻近建（构）筑物、地下及地上管线等的不利影响，并在施工过程中进行必要的监测，若发现其影响超过有关规定，应在排水、降水方案设计中，或在施工过程中采取有效的防范措施（如采用回灌施工技术、旋喷加固土壤）或改在基坑周边做止水帷幕等。②集水明排抽出的水应适当远离基坑，以防倒流或渗回基坑内，并经沉淀后再排入市政排水系统或河流等。另外，为防止地表水流入基坑内，应沿基坑顶四周设截水沟，把地表水、施工用水等引离基坑。③明沟排水法宜用于粗粒土层和渗水量小的黏性土，当土层为细砂和粉砂时，渗出的和抽出的地下水均会带走细粒而发生流沙现象，导致边坡坍塌、坑底涌沙，难以施工，此时应改用人工降低地下水位的方法。④在降水施工中，井点管或井管在孔中的埋设应居中插入，井管沉放前还应进行清孔，一般用压缩空气洗井或用吊桶反复上下取出洗孔；井点管或井管周边填滤料的母岩应为硬质岩石，形状宜为圆形、椭圆形，严禁用母岩为软质岩石的填料；试抽水量宜大于设计水量，抽水时应做好工作压力、水位抽水量的记录，如抽水量及水位降值与设计不符，应及时调整降水方案；降水系统运转过程中，应随时检查、观测孔中的水位。⑤降水施工还应符合《岩土工程勘察规范》的有关规定。⑥在土方开挖后，应保持降低地下水位在基坑底 50cm 以下，防止地下水扰动基底土。⑦抽水设备的电器部分必须做好防止漏电的保护措施，严格执行接地、接零和使用漏电开关，实行“一机一闸一箱一漏电开关”。施工现场电线应架空拉设，用三相五线制。⑧电工要持证上岗，工人操作时要穿戴绝缘手套及鞋子。

第四节　沟槽与桩-锚等支护施工安全

一、沟槽支护施工安全

（一）沟槽支护的构造

市政工程施工时，常须在地下铺设管沟，因此，须开挖沟槽。开挖较窄的沟槽，多用横撑式土壁支撑。横撑式土壁支撑根据挡土板的不同，分为水平挡土板式以及垂直挡土板式两类。水平挡土板的布置又分为间断式和连续式两种，湿度小的黏性土挖土深度小于3m时，可用间断式水平挡土板支撑；松散、湿度大的土可用连续式水平挡土板支撑，挖土深度可达5m，对松散和湿度很高的土可用垂直挡土板式支撑，其挖土深度不限。

（二）沟槽支护施工安全

根据施工场地的大小、地质和水文情况，确定采取直立开挖或放坡开挖施工方案，以保证施工操作安全。根据沟槽开挖施工方案，确定支护结构的形式。开挖深度超过5m（含5m）的沟槽土方开挖、支护、降水工程，或开挖深度虽未超过5m，但地质条件、周围环境和地下管线复杂，影响毗邻建（构）筑物安全的沟槽土方开挖、支护、降水工程，由施工总承包单位组织专家对施工专项方案进行论证。基槽开挖，应先进行测量和抄平放线，定出开凿长度，按放线分段分层挖土。沟槽支撑宜选用质地坚实、无枯节、透节、穿心裂折的松木或杉木，不宜使用杂木。支撑应挖一层支撑好一层，并严密顶紧，支撑牢固，严禁一次将土挖好后再支撑。挡土板或板桩与坑壁间的填土要分层回填夯实，使其严密接触。

钢板桩要进行外观检验，对不符合形状要求的进行矫正，以减少打桩过程中的困难。卸钢板桩宜采用两点吊。吊运时，每次起吊的钢板桩根数不宜过多，并应注意保护锁口免受损伤。吊运方式有成捆起吊和单根起吊两种。成捆起吊通常采用钢索捆扎，而单根吊运常用专用的吊具。

钢板应分层堆放，每层堆放数量一般不超过五根，各层间要垫枕木，垫木间距一般为3～4m，且上、下层垫木应在同一垂直线上，堆放的总高度不宜超过2m。钢板桩施工采用专用机械插打，考虑到起吊设备和振动设备等因素，钢板桩采用逐片插打。整个施工过程中，要用锤球始终控制每片桩的垂直度，及时调整。插打过程中，须遵守“插桩正直，分散即纠，调整合拢”等施工要点。按照基坑设计的要求，土方开挖至支撑底部50 cm时应及时安装腰梁和支撑，严禁超挖。拔钢板桩时，先用打拔桩机夹住钢板桩头部振动1～2min，使钢板桩周围的土松动，产生“液化”，减少土对桩的摩阻力，然后慢慢地往上振拔。拔桩时注意打拔桩机的负荷情况，发现上拔困难或拔不上来时，应停止拔桩，可先行往下施打少许，再往上拔，如此反复可将钢板桩拔出来。

（三）钢板桩施工中遇到的问题及处理

打桩过程中有时会遇上大的块石或其他不明障碍物，导致钢板桩打入深度不够，此时则应采用转角桩或弧形桩绕过障碍物。钢板桩在淤泥质地段挤进过程中受到淤泥中块石或其他不明障碍物等侧向挤压，且挤压作用力大小不同时容易发生偏斜，应采取以下措施进行纠偏：在发生偏斜位置将钢板桩往上拔 1.0 ～ 2.0m，再往下锤进，如此上下往复振拔数次，可使大的块石等障碍物被振碎或发生位移，使钢板桩的位置得到纠正，减少钢板桩的倾斜度。钢板桩沿轴线倾斜度较大时，采用异形桩来纠正，异形桩一般为上宽下窄和宽度大于或小于标准宽度的板桩，异形桩可根据实际倾斜度进行焊接加工；倾斜度较小时也可以用卷扬机或葫芦和钢索将桩反向拉住再锤击。由于淤泥质基础较软，施工时可能发生将邻桩带入的现象，采用的措施是把相邻的数根桩焊接在一起，并且在桩的连接锁口上涂上黄油等润滑剂以减小阻力。

施工中应经常检查支撑和观测邻近建筑物的情况，如发现支撑有松动、变形、位移等情况，应及时加固或更换。加固可打紧受力较小部分的木楔或增加立柱及横撑等。如换支撑时，应先加新支撑后拆旧支撑。支撑的拆除应按回填顺序依次进行。多层支撑应自下而上逐层拆除，拆除一层，经回填夯实后，再拆除上层。拆除支撑时，应注意防止附近建筑物或构筑物产生下沉或破坏，必要时采取加固措施。

二、桩－锚支护施工安全

（一）桩－锚支护概述

1. 桩 - 锚支护的概念

（1）排桩

排桩是以某种桩形按队列式布置组成的基坑支护结构。

（2）锚杆

锚杆是由设置于钻孔内、端部伸入稳定土层中的钢筋或钢绞线与孔内注浆体组成的受拉杆体。

2. 桩 - 锚支护的形式

（1）人工挖孔桩加预应力锚索

人工挖孔排桩的护壁厚度应不小于 150mm。护壁混凝土应用机械搅拌，挖孔桩的孔深不得超过 25m，桩身直径（不含护壁）不得小于 1.2m。

预应力锚索设置为一桩 - 锚或二桩 - 锚。根据基坑深度和场地地质情况，可沿基坑高度设置一道或多道预应力锚索。

（2）钻（冲）孔桩加预应力锚索

钻（冲）孔桩排桩直径大于 0.8m。预应力锚索设置为一桩 - 锚或二桩 - 锚。根据基坑深度和场地地质情况，可沿基坑高度设置一道或多道预应力锚索。

（二）施工安全管理

1. 排桩施工安全措施

（1）人工挖孔桩主要安全措施

①人工挖孔桩排桩应分批施工，跳挖的净距不少于4.5m，在相邻桩芯混凝土浇筑完成后才能进行下一批桩的施工；②作业前，认真研究地质水文资料，分析场地地质情况，对不适宜挖桩的地段，应建议业主、设计更改桩形，对可能出现流沙、管涌、涌水及有害气体的地段，应制定相应的应急措施和配置相应的应急设备和材料；对施工现场所有设备、设施、安全装置、工具和劳保用品等需要经常进行检查，确保其完好无损和安全使用；③图纸会审提出的问题及解决办法要详细记录，形成正式文件或会审纪要，参加会审的单位人员应签章，连同施工图、施工方案等作为主要施工依据；④在人工挖孔桩全面开工前，必须向全体作业人员进行交底，并办理签认手续。每挖深0.5 ~ 1m都要用钢筋对桩孔底面做品字形的地质探查，检查土质情况有无洞穴或流砂，确认为安全的才可进行挖掘。如发现突发情况，必须向工程负责人报告，立即采取安全措施处理；⑤人工挖孔排桩的每节护壁均须有监理验收。应严格控制每天挖进深度不得大于1m，混凝土护壁强度达到安全要求时（一般为12 ~ 24 h）才能拆模；⑥场地邻近的建（构）筑物，施工前应会同有关单位和业主进行详细检查，并将建（构）筑物原有裂缝及特殊情况贴上砂纸记录备查。对挖孔和抽水可能危及的邻房，应事先采取加固措施；⑦人工挖孔排桩持力层的岩质、入岩深度、桩径、桩长、垂直度、桩顶标高和混凝土强度等，必须符合设计要求；⑧当桩孔开挖深度超过5m时，应在孔底面以上3m左右处的护壁凸缘上设置半圆形的钢筋做成的安全防护网。防护网随着挖孔深度下移，在吊桶上下时，作业人员必须站在防护网下面，停止挖土；⑨每天开工前，应用气体检测仪对桩孔内气体进行检测，检测合格后，方可下井作业。孔深超过10m时，地面应配备向孔内送风装置，风量不宜小于25 L/s。孔底凿岩时还应加大送风量；⑩桩孔内必须放置钢爬梯，随挖孔深度增加放长至工作面，以做安全使用。严禁酒后操作，不准在孔内吸烟或使用明火作业。需要照明时应采用安全矿灯或12 V以下的安全灯；⑪ 已灌注完混凝土和暂停施工的桩口，应设置井盖和围栏围蔽：⑫ 参加井下挖桩作业人员，要求为年龄18 ~ 35岁健壮的男性中、青年，并取得县级以上医疗单位健康合格证。施工作业人员施工前，必须经过挖孔桩安全知识培训，并经考试合格后才能上岗作业；⑬ 挖桩施工作业人员施工时，必须戴好安全帽，绳股能随着操作深度与操作者的安全带连接，做救急设备用。吊绳钩及其他工具必须可靠，使用前应严格检查，不符合使用要求者及时更换，吊钩要附有保险装置。⑭ 挖孔桩进深5m后，井下作业人员每工作4h要转换一次；⑮ 井下作业人员如遇流沙、塌方、毒气或大量地下水出现应及时停止作业，并返回地面报告主管人员；⑯ 抽水时，孔内作业人员必须离开，严禁孔内边抽水边作业，抽水后，必须先将抽水的专用电源切断，作业人员方可下

桩孔作业，严禁带电源操作。孔口配合孔内作业的人员要密切注视孔内的情况，不得擅离岗位；⑰ 工地现场要配备 2 ~ 3 副防毒面具做应急之用；⑱ 要求每个井口 2m 范围内禁止堆放泥土，以防压坏桩护壁，造成井内塌方；⑲ 施工场所内的一切电源、电线路的安装和拆除，必须由持证电工专管，电器必预严格接地、接零和使用漏电保护器，各桩孔用电必须分闸，严禁一闸多孔和一闸多用；⑳ 施工时应遵守《建筑地基基础工程施工质量验收规范》及当地的相关规定。

（2）钻（冲）孔桩施工主要安全技术措施

①钻（冲）孔应采取隔桩施工在相邻混凝土达到 70% 的设计强度后，方可成孔施工；②清除施工的地下障碍物，整平施工场地，认真查清地下管线、给排水管道等情况；③冲、钻孔机施工时，司机应思想集中，服从指挥，机械运行时不得离开岗位；④冲、钻孔机操作时应安放平稳，以防止冲、钻机突然倾倒或钻具突然下落而发生伤亡事故；⑤根据场地地质条件，调配泥浆的比重，以防止发生坍孔的情况；⑥施工现场安全用电必须符合有关规定；⑦混凝土灌注标高低于地面标高的桩孔，灌注混凝土完毕要及时回填砂石至地面标高；⑧严禁用大石、砖墩等大件物件回填桩孔。

2. 预应力锚索施工安全措施

①施工前必须认真进行安全技术交底，明确分工，统一指挥。②各种设备应处于完好状态，施工中，应定期检查电源线路和设备的电气部件，确保用电安全。③非操作人员不得进入正在进行施工的作业区，施工中，喷头和注浆管前方严禁站人。④锚杆钻机应安设安全可靠的反力装置；预应力筋的锚具、夹具、千斤顶等机具，必须有出厂合格证及机具标定证明书。⑤在有地下承压水地层中钻进，孔口必须安设可靠的防喷装置，一旦发生漏水涌沙时能及时封住孔口。⑥向锚杆孔注浆时，注浆罐内应保持一定数量的砂浆，以防罐体放空，砂浆喷出伤人；处理管路堵塞前，应消除罐内的压力。⑦拉力计必须固定、牢靠，拉拔锚杆时，拉力计前方或下方严禁站人。⑧锚杆杆端一旦出现颈缩，应及时卸荷。⑨张拉预应力锚杆前，应对设备全面检查，并固定牢固，张拉时孔口前方严禁站人。⑩张拉过程中避免预应力筋断裂或滑脱。⑪封孔水泥浆未达到设计强度等级 70% 时，不得在锚杆端悬挂重物或碰撞外锚具。⑫机械设备的运转部位应有安全防护装置。⑬所有电路电线采用三相五线制，电线、电缆必须架空，并按规定设置可靠的接零、接地保护。⑭所有用电设备必须按规定设臂漏电保护装置，做到“一机一闸一箱一漏电开关”，并定期检查。⑮施工人员进场必须戴安全帽，施工操作必须遵守有关安全规程。⑯夜间施工时要有足够的照明设施。

3. 排桩施工常见问题的处理措施

（1）人工挖孔桩施工

①井口坠物、坠人

对于大直径桩在桩井口周边设置钢管护栏，并在护栏上挂上防坠落标志。对于小直径桩在井顶上覆盖圆形防护板。已完工程桩全封闭。

②孔壁坍塌

结合工程的地质条件，按设计要求进行搅拌桩加固地基处理，再进行桩的开挖。

③中毒

上、下午开工前，用XA-400复合式气体检测仪测试，确认桩孔内无对人身有害气体，再用风机向孔内送风15min，使孔内空气流畅，用小动物吊下孔内进行动物试验，确保无恙后工作人员才能下井作业。

孔内配备对讲机和求救绳，孔上人员与孔下工作人员定好联系信号，随时联系孔上人员，监护要到位，确保施工安全。

现场配备足够的防毒面具和通风设备，当有不明气体或有呼吸不畅现象出现时，孔下工作人员应马上佩戴防毒面具并迅速离开现场，开动通风设备进行排风，降低孔内有害气体浓度。

当发生意外时，孔上监护人员应及时呼救并通知有关领导，并即时向孔下送风，做好自我防护后才能对其他孔下人员实施救护，下孔抢救人员必须佩戴防毒面具和救护绳。

④岩层裂隙水

当查明岩层裂隙水较大时，在岩层成孔也要增加混凝土护壁，以阻隔裂隙水渗入。利用附近的未浇筑桩芯的桩位降低地下水位。每天开工前要先抽走井内积水。对已终孔的桩孔及时浇筑混凝土。局部对渗水点进行注浆加固。如裂隙水较大，难以抽干时，可在邻近桩孔设置深井降水。

⑤触电

贯彻“迅速、就地、正确、坚持”的触电急救八字方针；将出事附近电源开关刀拉掉，或将电源插头拔掉，以切断电源；用干燥的绝缘木棒将电源线从触电者身上剥离，严禁直接接触电源或触电者。

⑥邻房、道路的沉降

在施工现场周边邻近设置沉降点，在邻近房屋的适宜观测位置设置观测点，每天采用测量仪器进行沉降观测，并做好记录，绘制曲线图，如发现异常，马上停止周边施工作业，并及时通知设计院和监理单位，采取有效的处理措施。

（2）钻（冲）孔桩施工

①塌孔

孔内水位突然下降，孔口冒细密的水泡，出渣量显著增加而不见进尺，钻机负荷显著增加等，可采取以下措施：在松散砂土或流沙中钻进时应控制进尺，选用较大比重、黏度、胶体率的优质泥浆，或投入黏土掺片石低锤冲击，使黏土块、片石挤入孔壁。如地下水位变化过大，应采取加高护筒、增大水头等措施；发生孔口坍塌时，可立即拆除护筒并回填钻孔，重新埋设护筒再钻。严格控制冲程高度。清孔时应指定专人补水，保证钻孔内必要的水头高度，供水管最好不直接插入孔中，以免冲刷孔壁。应扶正吸泥机，防止触动孔壁。不宜使用过大的风压，不宜超过1.6倍钻孔中水柱压力。如坍孔严重须按前述方法处理。吊钢筋骨架时，应对准孔中心竖直插入。

②钻孔漏浆

在透水性强或有地下水流动的地层稀泥浆流失，采取措施为：加稠泥浆或投入黏土，慢速转动，或在回填土内掺片石，反复冲击增强护壁，在有护筒防护范围内，接缝处漏浆可用棉絮堵塞，封闭接缝。

③桩孔偏斜

安装钻机时要使转盘、底座水平。起重滑轮缘、固定钻杆的卡孔和护筒中心三者应在同一轴线上，并经常检查校正。由于主动钻杆较长，转动时上部摆动过大，必须在钻架上增添导向架，控制钻杆上的提补水龙头，使其沿导向架向下钻进。钻杆、接头应逐个检查，及时调整，发现主动钻杆弯曲，要及时调直或更换钻杆。在有倾斜的软硬地层钻进时，应吊住钻杆控制进尺，低速钻进，或回填片石，冲平后再钻进。

已在偏斜处吊住钻头上下反复扫孔，使钻孔正直。偏斜严重时应回填砂黏土到偏斜处，待沉积密实后再继续钻进。冲击钻进时，应回填沙砾和黄土，待沉积密实后再钻进。

④梅花孔

经常检查转向装置是否灵活。选用适当黏度和比重的泥浆，适时掏渣。用低冲程时，隔一段时间要更换高一些的冲程，使冲击钻头有足够的转动时间。

⑤糊钻埋钻

常出现于正反循环（含潜水钻机）回转钻进和冲击钻进中。可采取以下措施：对泥浆稠度、钻渣进出口、钻杆内径大小、排渣设备进行检查计算，并控制适当的进尺；若已严重糊钻，应停钻提出钻锥，清除钻渣。冲击钻锥糊钻时，应减少冲程，降低泥浆稠度，在黏土层上回填部分砂、砾石。遇到塌方或其他原因造成埋钻时，使用空气吸走埋钻泥沙，提出钻锥。

⑥卡孔

卡孔常发生在以冲击钻进时。卡钻后不宜强提，只宜轻提，轻提不动时，可用小冲击钻锥冲击或用冲、吸的方法将钻锥周围的钻渣松动后再提出。

⑦掉钻落物

钻或其他物掉至孔内，宜迅速用打捞叉、钩、绳套等工具打捞，若落体已被泥沙埋住，应先清除泥浆，使用打捞工具接触落体后再打捞。

⑧钢筋笼放置与设计要求不符、钢筋笼变形、保护层不够、深度位置不符合要求

如钢筋笼过长应分段制作，吊放钢筋笼入孔时再分段焊接。钢筋笼在运输和吊放过程中，每隔 2 ～ 2.5m 设置加强箍一道，并在钢筋笼内每隔 3 ～ 4m 安装一个可拆卸的十字形临时加劲架，在钢筋笼吊放入孔时再拆除。在钢筋笼周围主筋上每隔一定间距设置混凝土垫块，混凝土垫块根据保护层的厚度及孔径设计。清孔时应把沉渣清理干净，保证实际有效孔深满足设计要求。钢筋笼应垂直缓慢放入孔内，防止硬撞孔壁。钢筋笼放入孔内后，要采取措施，固定好位置。对在运输、堆放及吊装过程中已经发生变形的钢筋笼，应进行调整后再使用。

⑨断桩

混凝土坍落度应严格按设计规范要求控制。边灌混凝土边拔导管，做到连续作业，一气呵成。灌注时测混凝土顶面上升高度，随时掌握导管埋入深度，避免导管埋入过深或导

管脱离混凝土面。

三、地下连续墙 + 锚杆支护施工安全

（一）地下连续墙

地下连续墙是指用机械施工方法成槽浇灌钢筋混凝土形成的地下墙体。

（二）地下连续墙 + 锚杆支护的基本构造

地下连续墙是用专用设备沿着深基础或地下构筑物周边采用泥浆护壁开挖出的一条具有一定宽度与深度的沟槽，在槽内设置钢筋笼，采用导管法在泥浆中浇筑混凝土，筑成一单元墙段，依次顺序施工，以某种接头方法连接成的一道连续的地下钢筋混凝土墙。其冠梁、腰梁及锚索大样可参考桩 - 锚支护冠梁、腰梁及锚索的大样。

（三）地下连续墙的特点和注意事项

1. 地下连续墙的特点

①地下连续墙具有结构刚度大、整体性、抗渗性和耐久性好的特点，可作为永久性的挡土挡水和承重结构；②能适应各种复杂的施工环境和水文地质条件，可紧靠已有建筑物施工；③施工时振动小、噪声低，非常适用于在城市施工；④对邻近建筑物和地下管线影响较小；⑤能建造各种深度（10 ~ 50m）、宽度（70 ~ 120m）和形状的地下连续墙；⑥地下连续墙刚度大，易于设置埋件，适合于逆做法工程的施工。

2. 地下连续墙施工的注意事项

①在一些特殊的地质条件下（如很软的淤泥质土，含漂石的冲积层和超硬岩石等），地下连续墙的施工难度很大。②如果施工方法不当或施工地质条件特殊，可能出现相邻墙段不能对齐和漏水的问题。③地下连续墙如果用作临时的挡土结构，比其他方法所用的费用要高。④在城市施工时，废泥浆的处理比较麻烦，要做好相关措施。

第四章　建筑施工高处作业安全技术与管理

第一节　高处作业防护措施

一、临边作业

施工现场任何处所，当工作面的边沿并无围护设施或围护设施高度低于80cm，使人与物有各种坠落可能的高处作业属于临边作业。包括基坑周边、尚未安装栏杆或拦板的阳台、料台与挑平台周边、雨篷与挑檐边、无外脚手的屋面与楼层周边、水箱与水塔周边等处。

（一）防护措施

①临边作业应设置防护栏杆，并有其他防护措施。②首层墙高度超过3.2m的二层楼面周边，以及无外脚手的高度超过3.2m的楼层周边，必须在外围架设安全平网一道。③分层施工的楼梯口和梯段边，必须安装临时护栏。顶层楼梯口应随工程结构进度安装正式防护栏杆。④井架与施工用电梯和脚手架等与建筑物通道的两侧边，必须设防护栏杆。地面通道上部应装设安全防护棚。双笼井架通道中间，应予分隔封闭。⑤各种垂直运输接料平台，除两侧设防护栏杆外，平台口还应设置安全门或活动防护栏杆。⑥里脚手架施工时，应在建筑物墙的外侧搭设防护架和封挂密目式安全网。防护架距外墙100mm，随墙体而升高，高出作业面1.5m。在建工程的外侧周边，如无外脚手架应用密目式安全网全封闭。

（二）防护栏杆

在实际施工中一般使用钢筋或钢管作为临边防护栏杆杆件，必须符合下列各项要求：

栏杆应由上、下两道横杆及栏杆柱构成。横杆离地高度，规定为上杆1.0 ~ 1.2m，下杆0.5 ~ 0.6m，即位于中间。钢筋横杆上杆直径应不小于16mm，下杆直径应不小于

14mm，栏杆柱直径应不小于 18mm，采用电焊或镀锌钢丝绑扎固定。钢管横杆及栏杆柱均采用 48×2.75 ~ φ8×3.5 的管材，以扣件或电焊固定。以其他钢材如角钢等做防护栏杆杆件时，应选用强度相当的规格，以电焊固定。

坡度大于 1 ∶ 2.2 的层面，防护栏杆应高 1.5m，并加挂安全立网；除经设计计算外，横杆长度大于 2m 时，必须加设栏杆柱。栏杆柱的固定及其与横杆的连接，其整体构造应使防护栏杆在上杆任何处，能经受任何方向的 1000N 外力。当栏杆所处位置有发生人群拥挤、车辆冲击或物件碰撞等可能时，应加大横杆截面或加密柱距。

当在基坑四周固定时，可采用钢管并打入地面 50 ~ 70cm 深。钢管离边口的距离，应不小于 50cm。当基坑周边采用板桩时，钢管可打在板桩外侧。当在混凝土楼面、屋面或墙面固定时，可用预埋件与钢管或钢筋焊牢。当在砖或砌块等砌体上固定时，可预先砌入规格相适应的 80×6 弯转扁钢做预埋铁的混凝土块，然后用上述方法固定。

防护栏杆必须自上而下用安全立网封闭（封挂立网时必须在底部增设一道水平杆，以便绑牢立网的底部），或在栏杆下边设置严密固定的高度不低于 18cm 的挡脚板或 40cm 的挡脚笆。挡脚板与挡脚笆上如有孔眼，不应大于 25mm，板与笆下边距离楼面的空隙不应大于 10mm。

接料平台两侧的栏杆，必须自上而下加挂安全立网或满扎竹笆，当临边的外侧面临街道时，除防护栏杆外，敞口立面必须采取满挂密目式安全网或其他可靠措施做全封闭处理。

（三）安全防护门

施工电梯平台脚手架两侧设置斜撑及临边防护栏杆，平台边至梯笼（或吊篮）之间净距 10±5cm。出入口处安装 1.85m 高平开工具式金属防护门。

二、洞口作业

孔是指楼板、屋面、平台等面上短边尺寸 < 25cm 的孔洞，或墙上高度 < 75cm 的孔洞，洞是指楼板、屋面、平台等面上短边尺寸≥ 25cm 的孔洞，或墙上高度≥ 75cm，宽度 > 45cm 的孔洞。

洞口作业指孔与洞边口旁的高处作业。包括建筑物或构筑物在施工过程中，出现的各种预留洞口、通道口、上料口、楼梯口、电梯井口附近作业及深度在 2m 及 2m 以上的桩孔、人孔、沟槽与管道、孔洞等边沿上的作业。因特殊工程和工序需要而产生使人与物有坠落危险或危及人身安全的各种洞口，这些也都应该按洞口作业加以防护。

（一）洞口作业的防护

各种孔口和洞口必须视具体情况分别设置牢固的盖板、防护栏杆、密目式安全网或其他防坠落的设施。

平面孔应采用坚实的盖板（竹、木等）且进行固定，盖板应能保持四周搁置均衡，防止砸坏挪动。大于1m的洞口，可采用双层安全网（一层平网、一层密目网）挂牢，并沿洞口周围搭设防护栏杆。

钢管桩、钻孔桩等桩孔上口，杯形、条形基础上口、未填土的坑槽以及人孔、天窗、地板门等处，均应设置稳固的盖件。

施工现场通道附近的各类洞口与坑槽等处，除设置防护设施与安全标志外，夜间还应设置红灯示警。

垃圾井道和烟道，应随楼层的砌筑或安装而封闭洞口，或参照预留洞口做防护；管道井施工时，还应加设明显的标志。如有临时性拆移，须经施工负责人核准，工作完毕后必须恢复防护设施。

电梯井口、管道井口，在井口处设置高度1.5m以上的固定栅门，电梯（管道）井内每隔两层（不大于10m）设置一道水平安全网。水平网距井壁不大于100mm缝隙，网内无杂物，不允许采用脚手板替代水平网防护，还应加设明显的标志。如有临时性拆移，须经施工负责人核准，工作完毕后必须恢复防护设施。

位于车辆行驶道旁的洞口、深沟与管道坑槽，其盖板应能承受不小于当地额定卡车后轮有效承载力2倍的荷载。

墙面等处的竖向洞口，凡落地的洞口应装开关式、工具式或固定式的防护门，防止因工序需要被移动或拆除，门栅网格的间距不应大于150mm；也可采用防护栏杆，下设挡脚板（笆）。非落地孔洞但下边缘至楼板或地面低于800mm高度时，仍应加设1.2m高的防护栏杆。

下边沿至楼板或地面低于80cm的窗台等竖向洞口，如侧边落差大于2m时，应加设1.2m高的临时护栏。

（二）常见防护设施

防护栏杆，受力性能和力学计算与临边作业的防护栏杆相同；防护门。

三、攀登作业

攀登作业指借助登高用具或登高设施，在攀登条件下进行的高处作业。

（一）攀登设施

1. 移动式梯子

①梯脚底部应坚实防滑，不得垫高使用，梯子的上端应有固定措施（若架梯不坚固，

求助于工友协助抓牢），立梯的工作角度以 75° ±5° 为宜，踏板上下间距以 30cm 为宜，不得有缺档；②梯子如须接长使用，必须有可靠的连接措施，且接头不得超过一处，连接后梯梁的强度不应低于单梯梯梁的强度；③折梯使用时上部夹角以 35° ~ 45° 为宜，铰链必须牢固，并应有可靠的拉撑措施。使用时下方有人监护。

2. 固定式直爬梯

①应用金属材料制成；②梯宽不应大于 50cm，埋设与焊接均必须牢固，梯子顶端的踏棍应与攀登的顶面齐平，并加设 1 ~ 1.5m 高的扶手；③使用直爬梯进行攀登作业，高度以 5m 为宜。超过 2m 时宜加设护笼，超过 8m 时须设置梯间平台。

3. 钢挂梯

钢结构吊装可采用钢挂梯，或采用设置在钢柱上的爬梯以及搭设脚手架。

①钢柱安装登高时，应使用钢挂梯或设置在钢柱上的爬梯；②钢柱的接柱应使用梯子或操作台。操作台横杆高度当无电焊防风要求时，其高度不宜小于 1m，有电焊防风要求时高度不宜小于 1.8m；③高大钢梁攀登及操作，应使用专用爬梯或脚手架。

（二）安全要求

梯子供人上下的踏板的使用荷载应不大于 1.1kN；当梯面上有特殊作业，重量越过上述荷载时，应按实际情况验算。吊装工程时，柱、梁、屋架等构件吊装作业时，人员上下应设置专用梯子。供作业人员上下的踏板实际使用荷载不应大于 1kN，当超过时重新设计。工程施工时，作业人员应从规定的通道或专门搭设的斜道上下，不准在建筑阳台之间进行攀登、不准攀登起重机架体及脚手架。

四、悬空作业的安全防护

悬空高处作业指在周边临空（在无立足点或无牢靠立足点）的状态下，高度在 2m 及 2m 以上的作业。

施工现场必须适当地建立牢靠的立足点，如搭设操作平台、脚手架或吊篮等，方可进行施工。必须视具体情况配置防护栏网、栏杆或其他安全设施。所用的索具、脚手板、吊篮、吊笼、平台等设备，均须经过技术鉴定或验证方可使用。

（一）构件吊装和管道安装

钢结构的吊装，构件应尽可能在地面组装，并应搭设用于临时固定、电焊、高强螺栓连接等工序的高空安全设施，随构件同时上吊就位。拆卸时的安全措施，亦应一并考虑和落实；高空吊装预应力钢筋混凝土屋架、桁架等大型构件前，也应搭设悬空作业中所需的安全设施。

在行车梁就位安装时，为方便作业人员在梁上行走，可在行车梁一侧设置安全绳（钢丝绳）与柱连接，人员行走时可将安全带扣挂在绳上滑行起防护作用。

屋架吊装之前，用木杆绑扎加固，同时供作业人员作业时立足和安全带拴挂处。吊装时应在两榀屋架之间的下弦处张挂平网，平网可按节间宽度架设，随下一榀屋架的吊装再将安全网滑移到下一节间。

悬空安装大模板、吊装第一块预制构件、吊装单独的大中型预制构件时，必须站在操作平台上操作，吊装中的大模板和预制构件以及石棉水泥屋面板上，严禁站人和行走。

安装管道时必须有已完结构或操作平台为立足点，严禁在安装中的管道上站立和行走。

（二）预应力张拉

进行预应力张拉时，应搭设站立操作人员和设置张拉设备用的牢固可靠的脚手架或操作平台。雨天张拉时，还应架设防雨棚。

预应力张拉区域应标示明显的安全标志，禁止非操作人员进入。张拉钢筋的两端必须设置挡板。挡板应距所拉钢筋的端部 1.5 ~ 2m，且应高出最上一组张拉钢筋 0.5m，宽度应距张拉钢筋两外侧各不小于 1m。

（三）安装门窗

安装门窗、油漆及安装玻璃时，严禁操作人员站在樘子、阳台栏板上操作。门窗临时固定、封填材料未达到强度以及电焊时，严禁手拉门窗进行攀登。

在高处外墙安装门窗，无外脚手架时，应张挂安全网。无安全网时，操作人员应系好安全带，其保险钩应挂在操作人员上方的可靠物件上。

进行各项窗口作业时，操作人员的重心应位于室内，不得在窗台上站立，必要时应系好安全带进行操作。

五、操作平台的安全防护

操作平台指现场施工中用以站人、载料并可进行操作的平台。当平台可以搬移，用于结构施工、室内装饰和水电安装等，称为移动式操作平台。当用钢构件制作，可以吊运和搁置于楼层边的，用于接送物料和转运模板等的悬挑式的操作平台，称悬挑式钢平台。

钢平台设计应按现行的相应规范进行，计算书及图纸应编入施工组织设计。悬挑式钢平台采用钢丝绳吊拉或采用下撑方式，其受力应自成系统，不得与脚手架连接，应直接与建筑结构连接（搁支点与上部拉节点，必须位于建筑物上，不得设置在脚手架等设施上）。斜拉杆或钢丝绳，宜两边各设前后两道，每道均应做受力计算。悬挑式钢平台的吊环，应经过验算，采用甲类3号沸腾钢制作。吊运平台时应使用卡环，不得使用吊钩直接钩挂吊环。移动式钢平台立柱底端距地面不超过80mm，行走轮的连接保证牢靠。移动式钢平台高度一般不应超过5m。四周有防护栏杆，人员上下有扶梯。平台移动时，人员禁止在平台上。钢平台左右两侧必须装固定的防护栏杆。

钢平台安装时，钢丝绳应采用专用挂钩挂牢，采取其他方式时卡头的卡子不得大于三个，建筑物锐角利口围系钢丝绳处应加衬软垫物，钢平台外应略高于内口。钢平台吊装，须待横梁支撑点电焊固定、接好钢丝绳、调整完毕、经过检查验收，方可松卸起重吊钩，上下操作。操作平台上应显著地标明容许荷载值、人员与物料的总重量，严禁超出此值，并写明操作注意事项。应配备专人监督。钢平台使用时，应有专人进行检查，发现钢丝绳有锈蚀损坏应及时调换，焊缝脱焊应及时修复。

六、交叉作业的安全防护

交叉作业指在施工现场的上下不同层次，于空间贯通状态下同时进行的高处作业。

在同一垂直方向上下层同时操作时，下层作业的位置必须处于依上层高度确定的可能坠落范围半径之外。不符合此条件时，中间应设置安全防护层（隔离层），可用木脚手板按防护棚的搭设要求设置。

在上方可能坠落物件或处于起重机把杆回转范围内的通道处，必须搭设双层防护棚。结构施工到二层及以上后，人员进出的通道口（包括井架、施工电梯、进出建筑物的通道口）均应搭设安全防护棚；楼层高度超过24m时，应搭设双层防护棚。

通道的宽度 × 高度，用于走人时应大于2500mm × 3500mm，用于汽车通过时应大于4000mm × 4000mm。进入建筑物的通道最小宽度应为建筑物洞口宽两边各加500mm。

支模、粉刷、砌墙等各工种进行立体交叉作业时，不得在同一垂直方向上操作。可采取时间交叉或位置交叉，如施工要求仍不能满足，必须采取隔离封闭措施并设置监护人员后方可施工。

第二节　施工脚手架工程

一、脚手架概述

脚手架是建筑施工中必不可少的临时设施。比如，砌筑砖墙、浇注混凝土、墙面的抹灰、装饰和粉刷、结构构件的安装等，都需要在其近旁搭设脚手架，以便在其上进行施工操作、堆放施工用料和必要时的短距离水平运输。

脚手架虽然是随着工程进度而搭设，工程完毕就拆除，但它对建筑施工速度、工作效率、工程质量以及工人的人身安全有着直接的影响，如果脚手架搭设不牢固、不稳定，就容易造成施工中的伤亡事故。脚手架工程安全管理及技术方法，应遵守《建筑施工工具式脚手架安全技术规范》《建筑施工扣件式钢管脚手架安全技术规范》等规范的要求。

（一）种类及作用

1. 外脚手架

搭设在建筑物或构筑物外围的脚手架称为外脚手架。外脚手架应从地面搭起（也叫底撑式脚手架），一般来讲，建筑物多高，其架子就要搭多高。包括单排脚手架（由落地的许多单排立杆与大、小横杆绑扎或扣接而成）和双排脚手架（由落地的许多里、外两排立杆与大、小横杆绑扎或扣接而成）。

2. 内脚手架

搭设在建筑物或构筑物内的脚手架称为里脚手架。主要有马凳式里脚手架和支柱式里脚手架。

3. 工具式脚手架

（1）悬挑脚手架

它不直接从地面搭设，而是采用在楼板墙面或框架柱上以悬挑形式搭设。按悬挑杆件的不同种类可分为两种：一种是用 φ48mm × 3.5mm 的钢管，一端固定在楼板上，另一端悬出在外面，在这个悬挑杆上搭设脚手架，它的高度应不超过六步架；另一种是用型钢做悬挑杆件。搭设高度不超过二十步架（总高 20 ~ 30m）。

（2）吊篮脚手架

它的基本构件是用A150mm和3mm的钢管焊成矩形框架，并以3 ~ 4榀框架为一组，在屋面上设置吊点，用钢丝绳吊挂框架，它主要适用于外装修工程。

（3）附着式升降脚手架

附着在建筑物的外围，可以自行升降的脚手架称为附着式升降脚手架。

（4）挂脚手架将

脚手架挂在墙上或柱上事先预埋的挂钩上，在挂架上铺以脚手板而成。

（5）门式钢管脚手架

门式钢管脚手架是用普通钢管材料制成工具式标准件，在施工现场组合而成。其基本单元是由一副门式框架、两副剪刀撑、一副水平梁架和四个连接器组合而成。若干基本单元通过连接器在竖向叠加、扣上臂扣，组成一个多层框架。在水平方向，用加固杆和水平梁架使相邻单元连成整体，加上斜梯、栏杆柱和横杆组成上下步相通的外脚手架。

4. 脚手架的作用

脚手架既要满足施工需要，又要为保证工程质量和提高工效创造条件，同时还应为组织快速施工提供工作面，确保施工人员的人身安全。

5. 脚手架的基本要求

脚手架要有足够的牢固性和稳定性，保证在施工期间对所规定的荷载或在气候条件的影响下不变形、不摇晃、不倾斜，能确保作业人员的人身安全；要有足够的面积满足堆料、运输、操作和行走的要求；构造要简单，搭设、拆除和搬运要方便，使用要安全。

（二）材质与规格

1. 杆件

（1）木质材料

木杆常用剥皮杉杆或落叶松。立杆和斜杆（包括斜撑、抛撑、剪刀撑等）的小头直径一般不小于 70mm；大横杆、小横杆的小头一般不小于 80mm；脚手板的厚度一般不小于 50mm，应符合木质二等材。

（2）竹质材料

竹竿一般采用四年以上生长期的楠竹。青嫩、枯黄、黑斑、虫蛀以及裂纹连通两节以上的竹竿都不能用。轻度裂纹的竹竿可用 14 ~ 16 号铁丝加箍后使用。使用竹竿搭设脚手架时，其立杆、斜杆、顶撑、大横杆的小头一般不小于 75mm，小横杆的小头不小于 90mm。

（3）钢管

钢管应采用符合《直缝电焊钢管》《碳素结构钢》的规定。为便于运输和操作，每根钢管的最大质量不应大于 25kg，钢管的尺寸为 φ48mm × 3.5mm 和 A51mm × 3mm，最好采用前一种。钢管上严禁打洞，必须涂有防锈漆。

2. 扣件

扣件式钢管脚手架的扣件，应是采用可锻铸铁制作的扣件，其材质应符合现行国家标准《钢管脚手架扣件》的规定。采用其他材料制作的扣件，应经试验证明其质量符合该标准的规定后才能使用。

扣件有直角扣件、转角扣件和对接扣件三种形式。扣件的螺杆拧紧扭矩达到 65N· m

时不得发生破坏，使用时扭矩应在 40 ~ 65N· m 之间，注意螺栓不要拧得过紧，因为锻铸铁是脆性材料，会产生突然断裂破坏。新旧扣件均应进行防锈处理。

3. 脚手板

新脚手板应有产品质量合格证，板面的挠曲不大于 12mm；板面扭曲不大于 5mm，且不得有裂纹、开焊与硬弯，应有防滑措施（板面冲直径 20mm 的圆孔，孔边缘凸起），新、旧脚手板均应涂防锈漆。

木脚手板应采用杉木或松木制作，不能用桦木等脆性木材。脚手板厚度不应小于 50mm，宽度不宜小于 200mm，两端应各设直径为 4mm 的镀锌钢丝箍两道，腐朽的及有裂纹的脚手板不准使用。

竹脚手板宜采用由毛竹或楠竹制作的竹串片板、竹笆板。竹串片板是用螺栓将侧立的竹片并列连接而成，螺栓直径 8 ~ 10mm，间距 500 ~ 600mm，板长一般为 2 ~ 2.5m，宽度为 250mm，板厚一般不小于 50mm。竹笆板是用平放带竹青的竹片纵横编织而成，每根竹片宽度不小于 30mm，厚度不小于 8mm；横筋一反一正，边缘纵横筋相交点用铁丝扎紧，板长一般为 2 ~ 2.5m，宽度为 0.8 ~ 1.2m。

4. 绑扎材料

绑扎木脚手板可以用脚手板固定卡，采用扁铁制作；也可以采用 8 号镀锌铁丝。用于脚手板的固定，防止脚手板探头处翘起。

竹脚手架一般来说应采用竹篾绑扎，竹篾用水竹或慈竹劈成，要求质地新鲜、坚韧带青，使用前须提前一天用水浸泡，三个月要更换一次；由塑料纤维编织而成带状塑料蔑，是竹脚手架中用以代替竹篾的一种绑扎材料。

（三）主要构件与搭设要求

1. 水平杆

水平杆是脚手架中的水平杆件。包括纵向水平杆（大横杆）、横向水平杆（小横杆），布置方式有两种。

（1）纵向水平杆（大横杆）

纵向水平杆宜设置在立杆内侧（脚手架受力时，使里外排立杆的偏心距产生的变形对称，则通过小横杆使得此变形相互抵消），其长度不宜小于三跨且大于等于 6m。

纵向水平杆接长宜采用对接扣件连接，也可采用搭接。大横杆的对接扣件应交错布置，两根相邻大横杆的接头不宜设置在同步或同跨内；不同步不同跨两相邻接头在水平方向错开的距离不应小于 500mm；各接头中心至最近主节点的距离不宜大于纵距的 1/3。

搭接长度不应小于 1m，应等间距设置三个旋转扣件固定，端部扣件盖板边缘至大横杆杆端部的距离不应小于 100mm。

大横杆步距，在结构架中层高不同可取 1.2 ~ 1.4m，装修架中不大于 1.8m。在封闭型脚手架的同一步中，纵向水平杆应四周交圈，用直角扣件与内外角部立杆固定。当使用冲压钢脚手板、木脚手板、竹串片脚手板时，大横杆应作为小横杆的支座，用直角扣件固定在立杆上；当使用竹笆脚手板时，大横杆应采用直角扣件固定在小横杆上，并应等间距设置，间距不应大于 400mm。

（2）横向水平杆（小横杆）

横向水平杆应设在脚手架每个主节点上（大横杆与立杆的交点）。主节点处必须设置一根横向水平杆，用直角扣件扣接且严禁拆除（拆除后的双排脚手架改变为两片脚手架，承载和抗变形能力明显下降）。主节点处两个直角扣件的中心距不应大于 150mm；在双排脚手架中，靠墙一端的外伸长度不应大于 500mm。

作业层上非主节点处的横向水平杆，宜根据支承脚手板的需要等间距设置，最大间距不应大于纵距的 1/2。

当使用冲压钢脚手板、木脚手板、竹串片脚手板时，双排脚手架的小横杆两端均应采用直角扣件固定在大横杆上。单排脚手架的小横杆的一端，应用直角扣件固定在大横杆上，另一端应插入墙内，插入长度不应小于 180mm。

使用竹笆脚手板时，双排脚手架的横向水平杆两端，应用直角扣件固定在立杆上。单排脚手架的小横杆一端，应用直角扣件固定在立杆上，另一端插入墙内，插入长度不应小于 180mm。双排脚手架横向水平杆的靠墙一端至墙装饰面的距离不宜大于 100mm。

2. 立杆

立杆脚手架中垂直于水平面的竖向杆件。包括外立杆、内立杆、角杆、双管立杆（主立杆和副立杆）。

脚手架整体承压部位应在回填土填完后夯实，脚手架底座底面标高宜高于自然地坪 50mm。基础的横距宽度不小于 2m，并应有排水措施。脚手架一经搭设，其地基或附近不得随意开挖。一般脚手架，可将由钢板、钢管焊接而成的立杆底座直接放置在夯实的原土上或在底座下加垫板（加大传力面积），垫板宜采用长度不少于两跨、厚度不小于 50mm 的木垫板，也可采用槽钢，然后把立杆插在底座内。高层脚手架，在坚实平整的土层上铺 100mm 厚道渣，再放置混凝土垫块，上面纵向仰铺统长 12 ~ 16 号槽钢，立杆放置于槽钢上。

脚手架底层步距不应大于 2m，一般结构架中不大于 1.5m，装修架中不大于 1.8 ~ 2m。立杆横距（架宽）一般结构架中不大于 1.5m，装修架中不大于 1.3m。立杆接头除在顶层可采用搭接外，其余各接头必须采用对接扣件连接。立杆上的对接扣件应交叉布置，两个相邻立杆接头不应设在同步同跨内，两相邻立杆接头在高度方向错开的距离不应小于 500mm，各接头中心距主节点的距离不应大于步距的 1/3。立杆的搭接长度不应小于 1m，用不少于两个扣件固定。端部扣件盖板的边缘至杆端距离不应小于 100mm。立杆顶端宜高出女儿墙上皮 1m，高出檐口上皮 1.5m。

双根钢管立杆是沿脚手架纵向并列将主立杆和副杆用扣件紧固组成，副立杆的高度不应低于三步，钢管长度不应小于 6m。扣件数量不应小于两个。严禁将外径 48mm 与 51mm 的钢管混合使用。

开始搭设立杆时，应每隔六跨设置一根抛撑，直至连墙件安装稳定后，方可根据情况拆除。当脚手架下部暂不能设连墙件时可搭设抛撑；抛撑应采用通长杆件与脚手架可靠连接，与地面的倾角应在 45° ～ 60° 之间，连接点中心至主节点的距离不应大于 300mm，抛撑应在连墙件搭设后方可拆除。

脚手架必须设置纵、横向扫地杆，用来固定立杆的位置和调节相邻跨的不均匀沉降。纵向扫地杆应采用直角扣件固定在距离底座上皮不大于 200mm 处的立杆上；横向扫地杆亦应采用直角扣件固定在紧靠纵向扫地杆上。当立杆基础在不同一高度上时，必须将高处的纵向扫地杆向低处延长两跨与立杆固定，高低差不应大于 1m。靠边坡上方的立杆轴线到边坡的距离不应小于 500mm。立杆必须用连墙件与建筑物可靠连接。当搭至有连墙件的构造点时，在搭设完该处的立杆、纵向水平杆、横向水平杆后应立即设置连墙件。

3. 连墙件

连墙件的形式有软拉结（也称柔性拉结）和硬拉结（也称刚性拉结）两种。连墙杆指连接脚手架与建筑物的构件，包括刚性连墙杆、柔性连墙杆。

①连墙件必须采用可承受拉力和压力的构造。连墙件中的连墙杆或拉筋宜呈水平并垂直于墙面设置，与脚手架连接的一端可稍为下斜；当不能水平设置时，与脚手架连接的一端应下斜连接，不应采用上斜连接；②对高度在 24m 以下的双排脚手架，宜采用刚性连墙件，也可采用拉筋和顶撑配合使用的附墙连接方式，严禁使用仅有拉筋的柔性连墙件；③对高度在 24m 以上的双排脚手架，必须采用刚性连墙件与建筑物可靠连接；④连墙件的间距可按三步三跨布置（最大不超过层高），每根连墙件控制的脚手架面积不超过 40m^2。连墙件的竖向间距缩小，不但可减少脚手架的计算高度，还可以加强脚手架的整体稳定性；⑤连墙件宜靠近主节点设置，偏离主节点的距离不应大于 300mm，以便控制被连杆件的弯曲变形；应从底层第一步大横杆处开始设置，当该处设置有困难时，应采用其他可靠措施固定。必须在施工方案中设计位置，避免妨碍施工（用在主体施工后，装修施工时碍事）而被拆除形成脚手架倒塌事故；⑥架高超过 40m 且有风涡流作用时，应采取抗上升涡流作用的连墙措施。

4. 剪刀撑

脚手架在垂直荷载的作用下，即使没有纵向水平力，也会产生纵向位移倾斜。在脚手架外侧面成对设置的交叉斜杆，形成剪刀撑。设剪刀撑可以加强脚手架的纵向稳定性，剪刀撑随脚手架的搭设同时由底至顶连续设置。

①每道剪刀撑跨越立杆的根数宜按有关的规定确定，每道剪刀撑宽度应大于四跨，且为 6 ~ 9m（5 ~ 7 根立杆），斜杆与地面的倾角宜在 45° ~ 60° 之间；②高度在 24m 以下的单、双排脚手架，必须在外侧立面的两端各设置一道剪刀撑，并应由底至顶连续设置；中间各道剪刀撑沿纵向可间断设置，之间的净距不应大于 15m；③高度在 24m 以上的双排脚手架应在外立面整个长度和高度上连续设置剪刀撑；④剪刀撑斜杆的接长宜采用搭接，搭接长度不小于 1m，应采用不少于两个旋转扣件固定。应用旋转扣件固定在与之相交的横向水平杆的伸出端或立杆上，旋转扣件中心线离主节点的距离不宜大于 150mm。剪刀撑杆件在脚手架中承受压力或拉力，主要依靠扣件与杆件的摩擦力传递，所以，剪刀撑的设置效果关键是增加扣件的数量。要求采用搭接接长不用对接（因为杆可能受拉），斜杆不但与立杆连接，还要与伸出端的小横杆连接，以增加连接强度和减少斜杆的长细比，斜杆底部应落在地面垫板上。

5. 栏杆、挡脚板

①栏杆和挡脚板应搭设在外立杆的内侧；②上栏杆上皮高度应为 1.2m，中栏杆应居中设置；③挡脚板高度不应小于 180mm。

6. 扫地杆

扫地杆是贴近地面，连接立杆根部的水平杆。包括纵向扫地杆、横向扫地杆。

①脚手架必须设置纵、横向扫地杆；②纵向扫地杆应采用直角扣件固定在距底座上皮不大于 200mm 处的立杆上；③横向扫地杆也应采用直角扣件固定在紧靠纵向扫地杆下方的立杆上；④当立杆基础不在同一高度上时，必须将高处的纵向扫地杆向低处延长两跨与立杆固定，高低差不应大于 1m；⑤靠边坡上方的立杆轴线到边坡的距离不应小于 500mm。

在立杆、大横杆、小横杆三杆的交叉点称为主节点。主节点处立杆和大横杆的连接扣件与大横杆与小横杆的连接扣件的间距应小于 15cm。在脚手架使用期间，主节点处的大、小横杆，纵、横向扫地杆及连墙件不能拆除。

7. 横向斜撑

横向斜撑是在双排脚手架中，与内、外立杆或水平杆斜交呈之字形的斜杆。

8. 抛撑

抛撑是与脚手架外侧面斜交的杆件。

9. 脚手板

①作业层脚手板应按脚手架宽度铺满、铺稳，小横杆伸向墙一端处也应满铺脚手板，离开墙面 100 ～ 150mm。作业层端部脚手板探头长度应取 150mm，其板长两端均应与支承杆可靠地固定；②冲压钢脚手板、木脚手板、竹串片脚手板等，一般应将脚手板设置在三根小横杆上，当脚手板长度小于 2m 时，可采用两根小横杆支承，但应将脚手板两端绑牢固定防止移位倾翻；③冲压钢脚手板、木脚手板、竹串片脚手板铺设接长时，可采用对接平铺或搭接方法。采用对接铺设时，接头处必须设两根小横杆，脚手板外伸长应取 130 ～ 150mm，两块板外伸长度之和不大于 300mm，防止出现探头板；脚手板搭接铺设时，接头处可设一根小横杆，搭接长度应大于 200mm，其伸出小横杆的长度不应小于 100mm。竹笆脚手板应按其主筋垂直于纵向水平杆方向铺设，且采用对接平铺，四个角应用直径 1.2mm 的镀锌钢丝固定在大横杆上；④脚手板一般应上下连续铺设两层，上层为作业层，下层为防护层，作业层发生落人落物等意外情况时，下层板可起防护作用，同时也为作业层脚手板提供周转。

（四）安全管理要求

脚手架搭设人员必须是按《特种作业人员安全技术考核管理规则》《特种作业人员安全技术培训考核管理规定》中有关要求，经过登高架设作业考核合格的专业架子工。上岗人员应定期体检，合格者方可持证上岗。搭设脚手架人员必须戴安全帽、系安全带、穿防滑鞋。设置供操作人员上下使用的安全扶梯、爬梯或斜道。

搭脚手架时，地面应设围栏和警戒标志，并派专人看守，严禁非操作人员入内。脚手架的构配件质量与搭设质量，应按规定进行检查验收，合格后方准使用。搭设完毕后应进行检查验收，经检查合格后才准使用。特别是高层脚手架和满堂脚手架更应进行检查验收后才能使用。作业层上的施工荷载应符合设计要求，不得超载。不得将模板支架、缆风绳、泵送混凝土和砂浆的输送管等固定在脚手架上；严禁悬挂起重设备。当有六级及六级以上大风和雾、雨、雪天气时应停止脚手架搭设与拆除作业。雨、雪后上架作业应有防滑措施，并应扫除积雪。

脚手架的安全检查与维护应按规定进行，安全网应按有关规定搭设或拆除。在脚手架使用期间，严禁拆除下列杆件：主节点处的纵、横向水平杆，纵、横向扫地杆，连墙件。在脚手架上同时进行多层作业的情况下，各作业层之间应设置可靠的防护棚，以防止上层坠物伤及下层作业人员。

不得在脚手架基础及其邻近处进行挖掘作业，否则应采取安全措施，并报主管部门批准。临街搭设脚手架时，外侧应有防止坠物伤人的防护措施。在脚手架上进行电、气焊作业时，必须有防火措施和专人看守。脚手架的拆除：脚手架专项施工方案中，应包括脚手架拆除的方案和措施，拆除时应严格遵守。

二、扣件式钢管脚手架设计

扣件式钢管脚手架的设计即是根据脚手架的用途（承重、装修），在建工程的高度、外形及尺寸等的要求，而设计立杆的间距、大横杆的间距、连墙件的位置等，再计算各杆件的应力在这种设计情况下能否满足要求。如不满足，可再调整立杆间距、大横杆间距和连墙件的位置设置等。

（一）荷载分类

根据上述规范要求，对作用于脚手架上的荷载分成为永久荷载（恒荷）和可变荷载（活载），计算构件的内力（轴力）、弯矩、剪力等时要区别这两种荷载，要采用不同的荷载分项系数，永久荷载分项系数取 1.2，可变荷载分项系数取 1.4。脚手架属于临时性结构，考虑到一方面确保其安全性能，另一方面尽量发挥材料作用，所以取结构重要性系数为 0.9。

1. 永久荷载

主要系指脚手架结构自重，包括立杆、大小横杆、斜撑（或剪刀撑）、扣件、脚手板、安全网和防护栏杆等各构件的自重。脚手架上吊挂的安全设施（安全网、竹笆等）的荷载应按实际情况采用。

2. 施工荷载

主要指脚手板上的堆砖（或混凝土、模板和安装件等）、运输车辆（包括所装物件）和作业人员等荷载，根据脚手架的不同用途，确定施工均布荷载。装修脚手架为 $2kN/m^2$，结构施工脚手架（包括砌筑、浇混凝土和安装用架）为 $3kN/m^2$。

3. 风荷载

风荷载按水平荷载计算，是均布作用在脚手架立面上的。风荷载的大小与不同地区的基本风压、脚手架的高度、封挂何种安全网以及施工建筑的形状有关系，风荷载的计算按《建筑结构荷载规范》有关公式进行。

（二）荷载组合

设计脚手架时，应根据整个使用过程中（包括工作状态及非工作状态）可能产生的各种荷载，按最不利的荷载进行组合计算，将荷载效应叠加后脚手架应满足其稳定性要求。

设计脚手架的承重构件时，应根据使用过程中可能出现的荷载取其最不利组合进行计算。在计算连墙杆的承载能力时，除去考虑各连墙杆负责面积内能承受的风荷载外，还应再加上由于风荷载的影响，使脚手架侧移变形产生的水平力对连墙件的作用，按每一连墙点计算。单排脚手架取 3kN、双排脚手架取 5kN 的水平力，并与风荷载叠加。

计算强度和稳定性时，要考虑荷载效应组合，永久荷载分项系数 1.2，可变荷载分项系数 1.4。受弯构件要根据正常使用极限状态验算变形，采用荷载短期效应组合。

三、悬挑式外脚手架

悬挑式外脚手架（挑架），是利用建筑结构外边缘向外伸出的悬挑结构来支承外脚手架，它必须有足够的强度、稳定性和刚度，并能将脚手架的荷载全部或部分传递给建筑结构。

（一）构造

悬挑支承结构的形式一般均为三角形桁架，根据所用杆件的种类不同可分成型钢支承结构和钢管支承结构两类。

1. 型钢支承结构

型钢支承结构形式主要分为斜拉式和下撑式两种。

（1）斜拉式

是用型钢做悬挑梁外挑，再在悬挑端用钢丝绳或钢筋拉杆与建筑物斜拉。

（2）下撑式

是用型钢焊接成三角形桁架，其三角斜撑为压杆，桁架的上下支点与建筑物相连，形成悬挑支承结构。

2. 钢管支承结构

钢管支承结构是指由普通脚手钢管组成的三角形桁架。斜撑杆下端支在下层的边梁或其他可靠的支托物上，且有相应的固定措施。当斜撑杆较长时，可采用双杆或在中间设置连接点。

（二）防护及管理

挑脚手架在施工作业前除须有设计计算书外，还应有含具体搭设方法的施工方案，当设计施工荷载小于常规取值，即按三层作业、每层 $2kN/m^2$，或按二层作业、每层 $3kN/m^2$ 时，除应在安全技术交底中明确外，还必须在架体上挂上限载牌。

架体除在施工层上下三步的外侧设置 1 ~ 2m 高的扶手栏杆和 18cm 高的挡脚板外，外侧还应用密目式安全网封闭。在架体进行高空组装作业时，除要求操作人员使用安全带外，还应有必要的防止人、物坠落的措施。

四、附着升降脚手架

（一）特点

附着升降脚手架（爬模架）是指预先组装一定高度（一般为四个标准层）的脚手架，将其附着在建筑物的外侧，利用自身的提升设备，从下至上提升一层施工一层主体；当主体施工完毕，再从上至下装修一层下降一层，直至将底层装修完毕。

附着升降脚手架通过承力构架（水平梁架及竖向主框架）采用附着支撑与建筑程结构连接，属侧向支承的悬空脚手架，架体的全部荷载通过附着支撑传给建筑结构。一般是架体的竖向荷载传给水平梁架，水平梁架以竖向主框架为支座，竖向主框架承受水平梁架的传力及主框架自身荷载，主框架通过附着支承传给建筑结构。

附着升降脚手架作为一种高空施工设施，如果设计或使用不当即存在着比较大的危险性，会导致发生脚手架坠落事故。凡未经过认证或认证不合格的，不准生产制造附着升降脚手架；使用附着提升脚手架的工程项目，必须向当地建筑安全监督管理机构登记备案，并接受监督检查。

（二）安全装置

1. 防坠装置

为防止脚手架在升降工况下发生断绳、折轴等意外故障造成的脚手架坠落事故，当脚手架意外坠落时能及时牢靠地将架体卡住，确保附着升降脚手架在升降过程中的安全。如楔块锁紧钢绞线的防坠装置。

①防坠装置应设在竖向主框架部位，提升设备处必须设一个；②防坠装置必须灵敏，其制动距离：对于整体式升降脚手架不大于 80mm，对于单片式升降脚手架不大于 150mm；③防坠装置应有专门详细的检查方法和管理措施，以确保其工作可靠有效；④防坠装置与提升设备必须分别设置在两套附着支承结构上，若有一套失效，另一套必须能独立承担全部坠落荷载。

2. 防倾装置

为了控制脚手架在升降过程中的倾斜度和晃动的程度，架体在两个方向（前后、左右）的晃动倾斜均不能超过 30mm。因此，防倾装置应有足够的刚度，在架体升降过程中始终保持水平约束，确保升降状态的稳定性。

附着升降脚手架滑轮式防倾器，包括具有纵向内凹面的直杆形防倾轨道和防倾组件。

①防倾装置必须与竖向主框架、附着支撑结构或建筑结构可靠连接。应用螺栓连接，不得采用钢管扣件或碗扣方式连接；②防倾装置的导向间隙应小于 5mm；③在升降和使用工况下，位于在同一竖向平面的防倾装置均不得少于两处，并且其最上和最下一个防倾覆支承点之间的最小间距不得小于架体全高的 1/3。

3. 同步和荷载控制装置

同步及荷载控制系统应通过控制各提升设备间的升降差、控制各提升设备的荷载来控制各提升设备的同步性，且应具备超载报警停机、欠载报警等功能。

控制脚手架在升降过程中，各机位应保持同步升降，当其中一台机位超过规定的数值时，同步装置即切断脚手架升降动力源停止工作，避免发生超载事故。要求相邻提升点的高差不大于 30mm，整体架最大升降差不得大于 80mm。

脚手架升降过程中，由于跨度不均、架体受力不均以及架体受阻、机械故障等造成各吊点受力不同步、机具超载，从而引发事故。限载预警装置则可控制各吊点最大荷载达到设备额定荷载的 80% 时报警，自动切断动力源。

4. 液压油缸安全锁

当因为停电（有意无意的）或者液压系统和液压缸功能故障，而必须保护人和机器安全的关键时刻，液压安全锁紧装置可以迅速可靠地将活塞杆固定在其锁定的位置，在问题解决之前，活塞杆被牢牢地固定在原位，而无须供给额外的能量。

（三）安全施工措施

附着升降脚手架的安装及升降作业人员属特种作业人员，操作人员均应体检合格、无恐高症、精神正常，经过安全操作培训与考核后，持操作证方可上岗操作。安装前必须严格检查穿墙螺栓孔位置，孔位允许偏差 ±10mm，孔径允许偏差 ±3mm。附墙作业必须在结构混凝土强度达到 10MPa 以上，并由主任工程师下达爬升批准书后进行。附着升降脚手架属高危险作业，在安装、升降、拆除时，应划定安全警戒范围，并设专人监督、指挥、协调检查脚手架的升降过程。施工时脚手架严禁超载，物料堆放要均匀，避免荷载过于集中。

初次安装完毕后，由项目部工程部组织安全、生产、技术人员，验收合格并签字后，方可投入正常使用；附着升降脚手架每次爬升前，检查合格后，必须填写爬架爬升前安全检查记录；施工期间，加强检查。脚手架升降时人员不能站在脚手架上面，升降到位后也不能立即上人，必须把脚手架固定可靠，并达到上人作业的条件方可上人。架子升降时倒链的吊挂点应牢靠、稳固，每次升降前应取得升降许可证后方可升降。为防架子升降过程中意外发生，架子升降前应检查防坠器是否灵活正常。架子升降过程中，架子上的物品均应清除，除操作人员外，其他人员必须全部撤离。不允许夜间进行架子升降操作。附着升降脚手架搭设完毕或升降完毕后，应立即对该组架进行整体验收，特别是防坠、防倾装置必须灵敏可靠、齐全。经检查验收取得准用证后方可使用。

结构施工时，施工荷载小于 3kN/m^2。采用大模板施工时，附着升降脚手架上只可吊放大模板和站人操作，严格控制施工荷载，不允许超载。严禁放置影响局部杆件安全的集中荷载，建筑垃圾应及时清理。架上高空作业人员必须佩戴安全带和工具包，以防坠人坠物。脚手架只能作为操作架，不得作为施工外模板的支模架。禁止利用脚手架吊运物料、在脚手架上推车、在脚手架上拉结吊装线缆、任意拆除脚手架杆部件和附着支承结构、任意拆除或移动架体上的安全防护设施、塔吊起吊构件碰撞或扯动脚手架、其他影响架体安全的违章作业。附墙导向座在使用中不得少于四个，升降过程中不得少于三个；直线布置的架体支承跨度不应大于 8.0m，折线或曲线布置的架体支承跨度不应大于 5.4m；上下两导座之间距离必须大于 2.6m；端部架体的悬挑长度必须小于 3.0m，悬挑端应以导轨主框架为中心成对称设置斜拉杆，其水平夹角应大于 45°。

脚手架每层必须满铺脚手板和踢脚板，架体外侧必须用密目式安全网（2800 目 /100cm^2）围挡，且必须可靠固定在架体上；架体底层的密封板必须铺设严密，且应用平网密目安全网兜底；特别是最底部作业层，宜采用活动翻板（底层脚手板在架体升降时可折起）将离墙空隙封严，以防止人和物料坠落。在每一作业层架体外侧必须设置上、下两道防护栏杆（上杆高度 1.2m，下杆高度 0.6m）和挡脚板（高度 180mm）；升降架在安装、升降及拆除时应在地面设立围栏和警戒标志，并派专人把守，严禁一切人员入内。在脚手架上作业时，应注意随时清理堆放、掉落在架子上的材料，保持架面上规整清洁，不要乱放材料、工具，以免发生坠落伤人事故。使用过程中或在空中暂时停用时，应以一个月为周期，不合格部位应立即整改。空中停用时间超过一个月后或遇六级以上（包括六级）大风后复工时，同样应进行检查，检查合格后方能投入使用。升降架若在相邻建筑物、构筑物防雷保护范围之外，则应安装防雷装置，防雷装置的冲击接电电阻值不得大于 30。在每次升架前，必须将升降架架体和建筑物主体的连接钢筋断开，置于一边，然后再进行提升。提升到位后，再用连接圆钢筋把架体和主体结构竖向钢筋焊接起来。所有连接均应焊接，焊缝长度应大于接地线直径的 6 倍。

第三节　模板工程

一、模板

随着高层、超高层建筑的发展，现浇结构数量越来越大，相应模板工程发生的事故也在增加，多发生在模板的支撑和立柱的强度及稳定性不够。

（一）安装

①安装模板时人员必须站在操作平台或脚手架上作业，禁止站在模板、支撑、脚手杆、钢筋骨架上作业和在梁底模上行走；②安装模板必须按照施工设计要求进行，模板设计时应考虑安装、拆除、安放钢筋及浇捣混凝土的作业方便与安全；③整体式钢筋混凝土梁，当跨度大于等于 4m 时，安装模板应起拱。当无设计要求时，可按照跨度的 1/1000 ~ 3/1000 起拱；④单片柱模吊装时，应采用卡环和柱模连接，严禁用钢筋钩代替，防止脱钩。待模板立稳并支撑后，方可摘钩；⑤安装墙模板时，应从内、外角开始，向相互垂直的两个方向拼装。同一道墙（梁）的两侧模板采用分层支模时，必须待下层模板采取可靠措施固定后，方可进行上一层模板安装；⑥大模板组装或拆除时，指挥及操作人员必须站在可靠作业处，任何人不得随大模板起吊，安装外模板时作业人员应挂牢安全带；⑦混凝土施工时，应按施工荷载规定严格控制模板上的堆料及设备，当采用人工小推车运输时，不准直接在模板或钢筋上行驶，要用脚手架钢管等材料搭设小车运输道，将荷载传递给建筑结构；⑧当采用钢管、扣件等材料搭设模板支架时，实际上相当于搭设一钢管扣件脚手架，应由经培训的架子工指导搭设，并应满足钢管扣件脚手架规范的相关规定。

（二）使用

①在模板上运输混凝土，必须铺设垫板，设置运输专用通道，走道垫板应牢固稳定；②走道悬空部分必须在两侧设置 1.2m 高防护栏及 300mm 高挡脚板；③浇筑混凝土的运输通道及走道垫板，必须按施工组织设计的构造要求搭设；④作业面孔洞防护，在墙体、平板上有预留洞时，应在模板拆除后随时在洞口上做好安全防护栏，或将洞口盖严；⑤临边防护，模板施工应有安全可靠的工作面和防护栏杆。圈梁、过梁施工应设马凳或简易脚手架；垂直交叉作业上下应有安全可靠的隔离措施；⑥在钢模板上架设的电线和使用的电动工具，应采用 36V 的低压电源或采取其他的有效安全措施；⑦登高作业时，连接件必须放在箱内或工具袋中，严禁放在模板或脚手板上，扳手和各类工具必须置放于工具袋内以防掉落；⑧钢模板用于高层建筑施工时，应有防雷措施。

（三）拆除

①模板拆除必须经工程负责人批准和签字及对混凝土的强度报告试验单确认；②非承重侧模的拆除，应在混凝土强度达到 $2.5N/m^2$，并保证混凝土表面和棱角不受损坏的情况下进行；③承重模板的拆除时间，应按施工方案的规定；④模板拆除顺序应按方案的规定，当混凝土强度达到拆模强度后，顺序进行。当无规定时，应按照先支的后拆、先拆非承模板后拆承重模板的顺序。应对已拆除侧模板的结构及其支承结构进行检查，确定结构

有足够的承载能力后，方可拆除承重模板和支架；⑤拆除较大跨度梁下支柱时，应先从跨中开始，分别向两端拆除。拆除多层楼板支柱时，应确认上部施工荷载不需要传递的情况下方可拆除下部支柱；⑥当立柱大横杆超过两道以上时，应先拆除上两道大横杆，最下一道大横杆与立柱同时拆除，以保持立柱的稳定；⑦钢模拆除应逐块进行，不得采用成片撬落方法，防止砸坏脚手架和将操作者摔伤；⑧拆除模板作业必须认真进行，不得留有零星和悬空模板，防止模板突然坠落伤人；⑨模板拆除作业严禁在上下同一垂直面上进行；大面积拆除作业或高处拆除作业时，应在作业范围设置围栏，并有专人监护；⑩拆除模板、支撑、连接件严禁抛掷，应采取措施用槽滑下或用绳系下；⑪ 拆除的模板、支撑等应分规格码放整齐，定型钢模板应清理后分类码放，严禁用钢模板垫道或临时做脚手板用；⑫ 大模板存放应设专用的堆放架，保证其自稳角度，应面对面成对存放，防止碰撞或被大风刮倒。

二、设计

（一）基本要求

1. 原则要求

①模板及支架必须符合的规定保证工程结构和构件各部分形状尺寸和相互位置的正确；具有足够承载力、刚度和稳定性，能可靠地承受新浇混凝土的自重和侧压力及在施工过程中所增加的活荷载；构造简单、使用方便，并便于钢筋的绑扎和混凝土浇筑、养护等要求；模板接缝严密不应漏浆；②模板及支架设计应考虑的荷载模板及支架自重、新浇筑混凝土自重、钢筋自重、施工人员及施工设备荷载、振捣混凝土时产生的荷载、新浇筑混凝土对模板侧面的压力、倾倒混凝土时产生的荷载、风荷载。

2. 荷载标准值

（1）不变荷载

普通混凝土取 $24kN/m^3$，钢筋按图纸确定（一般可按楼板取 $1.1kN/m^3$，梁取 $1.5kN/m^3$）。

（2）施工荷载

面板及小棱按 $2.5kN/m^2$ 均布荷载及 2.5kN 集中荷载计算最大值，支架立柱按 $1.0kN/m^2$ 计算。

（3）振捣荷载

侧立模取 $4kN/m^2$，平模取 $2kN/m^2$。

（4）倾倒混凝土产生的荷载

料斗容量小于等于 $0.2m^3$ 的按 $2kN/m^2$，料斗容量大于 $0.2m^3$ 且小于等于 $0.8m^3$ 的按

4kN/m^2，料斗容量大于 0.8m^3 的按 6kN/m。

（二）模板（扣件钢管架）设计构造要求

①立柱底部应垫实木板，并在纵横方向设置扫地杆；②立柱底部支承结构必须能够承受上层荷载。当楼板强度不足时，下层的立柱不得提前拆除，同时应保持上层立柱与下层立柱在一条垂直线上；③立柱高在 2m 以下的，必须设置一道大横杆，保持立柱的整体稳定性；当立柱高度大于 2m 时，应设置多道大横杆，步距为 1.8m；④满堂红模板支柱的大横杆应纵横两个方向设置，同时每隔四根立杆设置一组剪刀撑，由底部至顶部连续设置；⑤立柱的间距由计算确定。当使用钢管扣件材料的，间距一般不大于 1m，立柱的接头应错开，不在同一步距内和竖向接头间中大于 50cm；⑥为保持支模系统的稳定，应将支架的两端和中间部分与建筑结构进行连接。

三、高处坠落事故发生的主要原因

高处坠落事故发生的主要原因：（1）违章指挥、违章作业、违反劳动纪律的“三违”行为。主要表现如下：①指派无登高架设作业操作资格的人员从事登高架设作业，比如，项目经理指派无架子工操作证的人员搭拆脚手架即属违章指挥；②不具备高处作业资格（条件）的人员擅自从事高处作业，根据《建筑安装员工安全技术操作规程》有关规定，从事高处作业的人员要定期体检，凡患高血压、心脏病、贫血病、癫痫病以及其他不适合从事高处作业的人员不得从事高处作业。（2）未经现场安全人员同意擅自拆除安全防护设施。比如，砌体作业班组在做楼层周边砌体作业时，擅自拆除楼层周边防护栏杆即为违章作业。(3)不按规定的通道上下进入作业面。而是随意攀爬阳台、吊车臂架等非规定通道。（4）拆除脚手架、井字架、塔吊或模板支撑系统时，无专人监护且未按规定设置足够的防护措施。(5)高空作业时不按劳动纪律规定穿戴好个人劳动防护用品(安全帽、安全带、防滑鞋）等。（6）注意力不集中，作业或行动前不注意观察周围的环境是否安全而轻率行动。比如，没有看到脚下的脚手板是探头板或已腐朽的板而踩上去坠落造成伤害事故，或者误进入危险部位而造成伤害事故。（7）施工现场安全生产检查、整改不到位。表现为施工现场安全防护设施已损坏而没有及时修复，高处作业人员不按规定佩戴安全防护用品而无人管，高处作业人员不执行高处作业的措施无人监督管理等。（8）高处作业的安全防护设施的材质强度不够、安装不良、磨损老化等。主要表现如下：①用作防护栏杆的钢管、扣件等材料因壁厚不足、腐蚀、扣件不合格而折断、变形失去防护作用；②吊篮脚手架钢丝绳因摩擦、锈蚀而破断导致吊篮倾斜、坠落而引起人员坠落；③施工脚手板因强度不够而弯曲变形、折断等导致其上人员坠落；④因其他设施设备（手拉葫芦、电动葫芦等）破坏而导致相关人员坠落。（9）劳动防护用品缺陷。主要表现为安全帽、安全带、安全绳、防滑鞋等用品，因内在缺陷而破损、断裂、失去防护功能。有的单位贪图便宜，而不管产品是否有生产许可证、产品合格证，劳动防护用品本身质量就存在问题，根本起不到安全防护作用。(10)露天流动作业使临边、洞口、作业平台等处的安全防护设施的自然腐蚀、人为损坏频率增加，隐患增加。(11)特殊高处作业的存在使高处坠落的危险性增大。比如，强风高处作业、异温高处作业、雪天高处作业、雨天高处作业、夜间高处作业等特殊高处作业。

高处作业工程施工人员安全要求：①凡参加高处作业人员必须经医院体检合格，方可进行高处作业。对患有精神病、癫痫病、高血压、视力和听力严重障碍的人员，一律不准从事高处作业；②登高架设作业（如架子工、塔式起重机安装拆除工等）人员必须进行专门培训，经考试合格后，持劳动安全监察部门核发的《特种作业安全操作证》，方准上岗作业；③凡参加高处作业人员，应在开工前进行安全教育，并经考试合格；④参加高处作业人员应按规定要求戴好安全帽、扎好安全带，衣着符合高处作业要求，穿软底鞋，不穿带钉易滑鞋，并要认真做到“十不准”：一不准违章作业；二不准工作前和工作时间内喝酒；三不准在不安全的位置上休息；四不准随意往下面扔东西；五严重睡眠不足不准进行高处作业；六不准打赌斗气；七不准乱动机械、消防及危险用品用具；八不准违反规定要求使用安全用品、用具；九不准在高处作业区域追逐打闹；十不准随意拆卸、损坏安全用品、用具及设施；⑤高处作业人员随身携带的工具应装袋精心保管，较大的工具应放好、放牢，施工区域的物料要放在安全不影响通行的地方，必要时要捆好；⑥施工人员要坚持每天下班前清扫制度，做到工完料净场地清；⑦吊装施工危险区域，应设围栏和警告标志，禁止行人通过和在起吊物件下逗留；⑧夜间高处作业必须配备充足的照明；⑨必须认真执行有关安全设施标准化的规定，并要与施工进度保持同步。如果不能与进度同步，再好的安全设施也无济于事；⑩尽量避免立体交叉作业，立体交叉作业要有相应的安全防护隔离措施，无措施严禁同时进行施工；⑪ 高处作业前应进行安全技术交底，作业中发现安全设施有缺陷和隐患必须及时解决，危及人身安全时必须停止作业；⑫ 在高处吊装施工时，密切注意、掌握季节气候变化，遇有暴雨、六级及以上大风、大雾等恶劣气候，应停止露天作业，并做好吊装构件、机械等稳固工作；⑬ 盛夏做好防暑降温，冬季做好防冻、防寒、防滑工作；⑭ 高处作业必须有可靠的防护措施。如悬空高处作业所用的索具、吊笼、吊篮、平台等设备设施均须经过技术鉴定或检验后方可使用。无可靠的防护措施绝不能施工。特别在特定的较难采取防护措施的施工项目，更要创造条件保证安全防护措施的可靠性。在特殊施工环境安全带没有地方挂，这时更需要想办法使防护用品有处挂，并要安全可靠；⑮ 高处作业中所用的物料必须堆放平稳，不可置放在临边或洞口附近，对作业中的走道、通道板和登高用具等，必须随时清扫干净。拆卸下的物料、剩余材料和废料等都要加以清理及时运走，不得任意乱置或向下丢弃。各施工作业场所内凡有可能坠落的任何物料，都要一律先行撤除或者加以固定，以防跌落伤人；⑯ 实现现场交接班制度，前班工作人员要向后班工作人员交代清楚有关事项，防止盲目作业发生事故；⑰ 认真克服管理性违章。

第五章　建筑施工机械使用安全技术与管理

第一节　起重及垂直运输机械

一、吊装机具

（一）绳索

1. 麻绳

（1）分类及特点

麻绳按材质分有白棕绳和混合麻绳两种，白棕绳质量好，被广泛使用；按捻制股数划分，有 3 股、4 股及 9 股等几种，股数的多绳强度高，但捻制比较困难。

麻绳具有使用轻便、质软、携带方便、易于绑扎和结扣等优点，但它强度低、易磨损和腐烂，因此，只能用于辅助性作业，如用于溜绳、捆绑绳和受力不大的缆风绳等，不适用在荷载大及有冲击荷载的机动机械工作中。

（2）麻绳的计算

麻绳正常使用时允许承受的最大拉力称允许拉力。它是安全使用麻绳的主要参数，计算公式为：

$$S=\frac{P_p}{k}$$

式中：S——麻绳的允许拉力，旧绳使用时必须按新绳的 50% 允许拉力计算，N；

P_p——安全系数，见表 5-1；

k——麻绳的破断拉力，N。

表 5-1 麻绳的安全系数

工作性质	绳类名称	
	白棕绳	麻绳
地面水平运输设备	3	5
高空系挂或吊装设备	5	8
用慢速机械操作、绑扎及吊人绳	10	

破断拉力可从产品说明或有关资料的性能表中选取，如缺少麻绳破断拉力资料或现场临时选用，可用近似公式求得：

$$P_{\mathrm{p}}=0.66\times\pi\left(\frac{d}{2}\right)^{2}\times\sigma=0.518\sigma d^{2}$$

式中：d——麻绳的公称直径，mm；

0.66——麻绳的净截面面积占毛截面面积的 66%；

σ——材料的抗拉强度，$\mathrm{N/mm^2}$［素麻绳取σ =78.45$\mathrm{N/mm^2}$（8$\mathrm{kgf/mm^2}$）］

（3）使用麻绳的注意事项

①原封整卷麻绳在拉开使用

应先把绳卷平放在地上，并将有绳头的一面放在底下，从卷内拉出绳头，根据需要长度切断，麻绳切断后，其断口要用细铁丝或麻绳扎紧，防止断头松散。

②麻绳使用前要进行检查

发现表面损伤小于 30% 直径，局部破损小于截面 10% 时，要降低负荷使用；如破损严重，应将此部分去掉，重新连接后使用；对于断股及表面损伤大于麻绳直径的 30% 以及腐蚀严重的，应予以报废。

③要防止麻绳打结

对某一段出现扭结时，要及时加以调直。当绳不够长时，不宜打结接长，应尽量采用编接方法接长。编接绳头、绳套时，编接前每股头上应用细绳扎紧，编接后相互搭接长度，绳套不能小于麻绳直径的 15 倍，绳头接长不小于 30 倍。

④用麻绳捆绑边缘锐利的物体

应垫以麻布、木片等软质材料，避免被棱角处损坏。

⑤使用时应将绳抖直

使用中发生扭结也应立即抖直，如有局部损伤的麻绳，应切去损伤部分。

⑥使用中应严禁在粗糙的构件上或地上拖拉

并严防砂、石屑嵌入绳的内部磨伤麻绳；吊装作业中的绳扣应结扣方便，受力后不得松脱，解扣应简易。

⑦ 穿绕滑车

滑轮的直径应大于麻绳直径的 10 倍，麻绳有结时，应严禁穿过滑车狭小之处；避免损伤麻绳发生事故，长期在滑车上使用的麻绳，应定期改变穿绳方向，使绳磨损均匀。

2. 钢丝绳

（1）钢丝绳

是用直径 0.4 ~ 3mm，强度 140 ~ 200kg/mm^2 的钢丝合成股，再由钢丝股围绕一根浸过油的棉制或麻制的绳芯，拧成整根的钢丝绳。

钢丝绳具有强度高、弹性大、韧性好、耐磨并能承受冲击荷载等特点，它破断前有断丝现象的预兆，容易检查、便于预防事故。因此，在起重作业中广泛应用，是吊装中的主要绳索。

（2）种类

按照捻制的方法分有同向捻、交互捻、混合捻等几种；按绳股数及一股中的钢丝数多少分，常用的有 6 股 19 丝、6 股 37 丝、6 股 61 丝等几种。日常工作中以 6×19+1、6×37+1、6×61+1 来表示。

（3）钢丝绳的破断拉力

钢丝绳的破断拉力是将整根钢丝绳拉断所需要的拉力大小，也称为整条钢丝绳的破断拉力。

（4）钢丝绳的允许拉力

钢丝绳的允许拉力为了保证吊装的安全，钢丝绳根据使用时的受力情况，规定出所能允许承受的拉力。其计算公式为：

$$S=\frac{S_p}{k}$$

式中：S——钢丝绳的允许拉力，N；

S_p——安全系数，见表 5-2；

k——钢丝绳的破断拉力，N。

表 5-2　钢丝绳安全系数 k 值

钢丝绳用途	安全系数	钢丝绳用途	安全系数
做缆风绳	3.5	做吊索无弯曲时	6 ~ 7
缆索起重机承重绳	3.75	做捆绑吊索	8 ~ 10
手动起重设备	4.5	用于载人的升降机	14
机动起重设备	5 ~ 6		

（5）钢丝绳重量的计算

钢丝绳在使用时或运输装卸时都需要知道其重量，一般可从钢丝绳表中查得每百米的参考重量。考虑钢丝绳中钢丝的理论重量、纤维芯和油的重量，可用简化近似公式计算：

$$G = 0.0035ld^2$$

式中：l——钢丝绳的长度，m；

d——钢丝绳的公称直径，mm。

（6）钢丝绳的报废

钢丝绳在使用过程中会不断地磨损、弯曲、变形、锈蚀和断丝等。当钢丝绳不能满足安全使用时应予报废，以免发生危险。报废条件如下：

①钢丝绳的断丝达到规定；②钢丝绳直径的磨损和腐蚀大于钢丝绳的直径 7%，或外层钢丝磨损达钢丝的 40%；③使用当中断丝数逐渐增加，其时间间隔越来越短；④钢丝绳的弹性减少，失去正常状态。

（7）钢丝绳的安全使用

①选用钢丝绳要合理，不准超负荷使用；②经常保持钢丝绳清洁，定期涂抹无水防锈油或油脂。钢丝绳使用完毕，应用钢丝刷将上面的铁锈、脏垢刷去，不用的钢丝绳应进行维护保养，按规格分类存放在干净的地方。在露天存放的钢丝绳应在下面垫高，上面加盖防雨布罩；③钢丝绳在卷筒上缠绕时，要逐圈紧密地排列整齐，不应错叠或离缝。

3. 绳扣（千斤绳、带子绳、吊索）

绳扣是把钢丝绳编插成环状或插在两头带有套鼻的绳索，是用来连接重物与吊钩的吊装专用工具。它使用方便，应用极广。

绳扣多是用人工编插的，也有用特制金属卡套压制而成的，人工插接的绳扣其编结部分的长度不得小于钢丝绳直径的 15 倍，并且不得短于 300mm。

4. 吊索内力计算与选择

吊装吊索内力的大小，除与构件重量、吊索类型等因素有关外，尚与吊索和所吊重物间的水平夹角有关。水平夹角越小吊索内力越大，同时其水平分力对构件产生不利的水平压力；如果夹角太大，虽然能减小吊索内力，但吊索的起重高度要求很高，所以，吊索和构件间的水平夹角一般在 45° ～ 60° 之间。若吊装高度受到限制，其最小夹角应控制在 30° 以上。

（二）吊装工具

1. 千斤顶

千斤顶又叫举重器，在起重工作中应用得很广。它用很小的力就能顶高很重的机械设备，还能校正设备安装的偏差和构件的变形等。千斤顶的顶升高度一般为100 ~ 400mm，最大起重量可达500t，顶升速度可达10 ~ 35mm/min。千斤顶的使用安全要求如下：①千斤顶应放在干燥无尘土的地方，不可日晒雨淋，使用时应擦洗干净，各部件灵活无损；②设置的顶升点须坚实牢固，荷载的传力中心应与千斤顶轴线一致，严禁荷载偏斜，以防千斤顶歪斜受力而发生事故；③千斤顶不要超负荷使用，顶升的高度不得超过活塞上的标志线。如无标志，顶升高度不得超过螺纹杆丝扣或活塞总高度的3/4；④顶升前，千斤顶应放在平整坚实的地面上，并于底座下垫垫木或钢板，严防地基偏沉，顶部与金属或混凝土构件等光滑面接触时，应加垫硬木板，严防滑动；开始顶升时，先将结构构件轻微顶起后停住，检查千斤顶承力、地基、垫木、枕木垛是否正常，如有异常或千斤顶歪斜应及时处理后，方准继续工作；⑤顶升过程中用枕木垛临时支持构件时，千斤顶的起升高度要大于枕木厚度与枕木垛变形之和。结构构件顶起后，应随起随搭防坠枕木垛，随着构件的顶升枕木垛上应加临时短木块，其与构件间的距离必须保持在50mm以内，以防千斤顶突然倾倒或回油而引起活塞突然下降，造成伤亡事故。起升过程中，不得随意加长千斤顶手柄或强力硬压；⑥有几个千斤顶联合使用顶升同一构件时，应采用同型号的千斤顶，应设置同步升降装置，并且每个千斤顶的起重能力不得小于所分担构件重量的1.2倍。用两台或两台以上千斤顶同时顶升构件一端时，另一端必须垫实、垫稳，严禁两端同时起落。

2. 倒链

倒链又叫手拉葫芦或神仙葫芦，可用来起吊轻型构件、拉紧扒杆的缆风绳，以及用在构件或设备运输时拉紧捆绑的绳索。它适用于小型设备和重物的短距离吊装，一般的起重量为0.5 ~ 1t，最大可达2t倒链的使用安全要求：①使用前须检查确认各部位灵敏无损。应检查吊钩、链条、轮轴、链盘，如有锈蚀、裂纹、损伤、传动部分不灵活应严禁使用；②起吊时，不能超出起重能力，在任何方向使用时，拉链方向应与链轮方向相同，要注意防止手拉链脱槽，拉链子的力量要均匀，不能过快过猛；③要根据倒链的起重能力决定拉链的人数，如拉不动时，应查明原因再拉；④起吊重物中途停止时，要将手拉小链拴在起重链轮的大链上，以防时间过长而自锁失灵。

3. 卡环

卡环又名卸甲，用于绳扣（千斤绳、钢丝绳）和绳扣、绳扣与构件吊环之间的连接，是在起重作业中用得较广的连接工具。卡环由弯环与销子两部分组成，按弯环的形式分为直形和马蹄形两种；按销子与弯环的连接形式分，有螺栓式和抽销式卡环及半自动卡环。

卡环的使用安全要求：①卡环必须是锻造的，一般是用20号钢锻造后经过热处理而制成的。不能使用铸造的和补焊的卡环；②在使用时不得超过规定的荷载，并应使卡环销子与环底受力（高度方向），不能横向受力，横向使用卡环会造成弯环变形，尤其是在采用抽销卡环时，弯环的变形会使销子脱离销孔，钢丝绳扣柱易从弯环中滑脱出来；②抽销卡环经常用于柱子的吊装，它可以用在柱子就位固定后，可在地面上用事先系在销子尾部的麻绳，将销子拉出解开吊索，避免了摘扣时的高空作业的不安全因素，提高了吊装效率。但在柱子的重量较大时，为提高安全性须用螺栓式卡环。

4. 绳卡

钢丝绳的绳卡主要用于钢丝绳的临时连接和钢丝绳穿绕滑车组时手绳的固定，以及扒杆上缆风绳绳头的固定等。它是起重吊装作业中用得较广的钢丝绳夹具。通常用的钢丝绳卡子有骑马式、拳握式和压板式三种。其中，骑马式卡是连接力最强的标准钢丝绳卡子，应用最广。绳卡的使用安全要求如下：①卡子的大小，要适合钢丝绳的粗细，U形环的内侧净距，要比钢丝绳直径大1 ~ 3mm，净距太大不易卡紧绳子；②使用时，要把U形螺栓拧紧，直到钢丝绳被压扁1/3左右为止。由于钢丝绳在受力后产生变形，绳卡在钢丝绳受力后要进行第二次拧紧，以保证接头的牢靠。如须检查钢丝绳在受力后绳卡是否滑动，可采取附加一安全绳卡来进行。安全绳卡安装在距最后一个绳卡约500mm处，将绳头放出一段安全弯后再与主绳夹紧，这样如卡子有滑动现象，安全弯将会被拉直，便于随时发现和及时加固；③绳卡之间的排列间距一般为钢丝绳直径的6 ~ 8倍左右，绳卡要一顺排列，应将U形环部分卡在绳头的一面，压板放在主绳的一面。

5. 吊钩

吊钩根据外形的不同，分单钩和双钩两种。单钩一般在中小型的起重机上用，也是常用的起重工具之一。在使用上单钩较双钩简便，但受力条件没有双钩好，所以，起重量大的起重机用双钩较多。双钩多用在桥式机门座式的起重机上。

（1）吊钩分类

吊钩按锻造的方法分有锻造钩和板钩。

锻造钩采用20号优质碳素钢，经过锻造和冲压，进行退火热处理，以消除残余的内应力，增加其韧性。要求硬度达到HB=75 ~ 135，再进行机加工。板钩是由30mm厚的钢板片铆合制成的。

（2）吊钩的使用安全要求

①一般吊钩是用整块钢材锻制的，表面应光滑，不得有裂纹、刻痕、剥裂、锐角等缺陷，并不准对磨损或有裂缝的吊钩进行补焊修理。②吊钩上应注有载重能力，如没有标记，在使用前应经过计算，确定荷载重量，并做动静荷载试验，在试验中经检查无变形、

裂纹等现象后方可使用。③在起重机上用吊钩，应设有防止脱钩的吊钩保险装置。

6. 手扳葫芦

手扳葫芦是一种轻巧简便的手动牵引机械。它具有结构紧凑、体积小、自重轻、携带方便、性能稳定等特点。其工作原理是由两对平滑自锁的夹钳，像两只钢爪一样交替夹紧钢丝绳，做直线往复运动，从而达到牵引作用。它能在各种工程中担任牵引、卷扬、起重等作业。

使用手扳葫芦时，起重量不准超过允许荷载，要按照标记的起重量使用；不能任意地加长手柄，应用有钢芯的钢丝绳作业。使用前应检查验证自锁夹钳装置。

夹紧钢丝绳后能否往复做直线运动，否则严禁使用；使用时应待其受力后再检查一次，确认无问题后方可继续作业。若用于吊篮时，还应于每根钢丝绳处拴一根保险绳，并将保险绳另一端固定于永久性结构。

7. 绞磨

绞磨是一种使用较普遍的人力牵引工具，主要用于起重速度不快、没有电动卷扬机，亦没有电源的作业地点及牵引力不大的施工作业。绞磨由卷绕钢丝绳的磨芯、连接杆、磨杆及支承磨芯和连接杆的磨架等主要部分组成。

8. 滑车和滑车组

（1）滑车

滑车和滑车组是起重吊装、搬运作业中较常用的起重工具。滑车是由吊钩链环、滑轮、轴、轴套和夹板等组成。

（2）滑车组

滑车组是由一定数量的定滑车和动滑车及绳索组成，因在吊重物时，不仅要改变力的方向，而且还要省力，这样单用定滑车或动滑车都不能解决问题。如果把定、动滑车连在一起组成滑车组，既能省力又能改变力的方向。

二、垂直运输机械

当前，在施工现场用于垂直运输的机械主要有三种：塔式起重机，龙门架、井字架物料提升机和施工外用电梯。

（一）塔式起重机

塔式起重机简称塔吊，在建筑施工中已经得到广泛的应用，成为建筑安装施工中不可缺少的建筑机械。

由于塔吊的起重臂与塔身可成相互垂直的外形，故可把起重机安装在靠近施工的建筑物上。其有效工作幅度优越于履带、轮胎式起重机，本身具有操作方便、变幅简单等特点。特别是出现高层、超高层建筑后，塔吊的工作高度可达 100 ~ 160m，更体现其优越性。

1. 塔吊按工作方法分类

①固定式塔吊：塔身不移动，工作范围靠塔臂的转动和小车变幅完成，多用于高层建筑、构筑物、高炉安装工程；②运行式塔吊：它可由一个工作地点移到另一工作地点（如轨道式塔吊），可以带负荷运行，在建筑群中使用可以不用拆卸、通过轨道直接开进新的工程幢号施工。

2. 安全操作

①塔吊司机和信号人员，必须经专门培训持证上岗；②实行专人专机管理，机长负责制，严格交接班制度；③新安装的或经大修后的塔吊，必须按说明书要求进行整机试运转；④塔吊距架空输电线路应保持安全距离；⑤司机室内应配备适用的灭火器材；⑥提升重物前，要确认重物的真实重量，要做到不超过规定的荷载，不得超载作业；必须使起升钢丝绳与地面保持垂直，严禁斜吊；吊运较大体积的重物应拉溜绳，防止摆动；⑦司机接班时，应检查制动器、吊钩、钢丝绳和安全装置。发现性能不正常，应在操作前排除。开车前，必须鸣铃或报警。操作中接近人时，亦应给予继续铃声或报警；⑧操作应按指挥信号进行。听到紧急停车信号，不论是何人发出，都应立即执行；⑨确认起重机上或其周围无人时，才可以闭合主电源。如果电源断路装置上加锁或有标牌，应由有关人员除掉后才可闭合电源。闭合主电源前，应使所有的控制器手柄置于零位，工作中突然断电时，应将所有的控制器手柄扳回零位；在重新工作前，应检查起重机动作是否都正常；⑩操作各控制器应逐级进行，禁止越挡操作。变换运转方向时，应先转到零位待电动机停止转动后，再转向另一方向。提升重物时应慢起步，不准猛起猛落防止冲击荷载。重物下降时应进行控制，禁止自由下降；⑪ 动臂式起重机可做起升、回转、行走三种动作同时进行，但变幅只能单独进行；⑫ 两台塔吊在同一条轨道作业时，应保持安全距离；两台同样高度的塔吊，其起重臂端部之间，应大于 4m，两台塔吊同时作业，其吊物间距不得小于 2m；高位起重机的部件与低位起重机最高位置部件之间的垂直距离不小于 2m；⑬ 轨道行走的塔吊，处于 90° 弯道上，禁止起吊重物；⑭ 操作中遇大风（六级以上）等恶劣气候，应停止作业，将吊钩升起，夹好轨钳；当风力达十级以上时，吊钩落下钩住轨道，并在塔身结构架上拉四根钢丝绳，固定在附近的建筑物上；⑮ 起重机作业中，任何人不准上下塔机、不得随重物起升，严禁塔机吊运人员；⑯ 司机对起重机进行维修保养时，应切断主

电源，并挂上标志牌或加锁；必须带电修理时，应戴绝缘手套、穿绝缘鞋，使用带绝缘手柄的工具，并有人监护。

（二）龙门架、井字架物料提升机

龙门架、井字架都是以地面卷扬机为动力，用于施工中的物料垂直运输，因架体的外形结构而得名。龙门架由天梁及两立柱组成，形如门框；井架由四边的杆件组成，形如“井”字的截面架体，提升货物的吊篮在架体中间井孔内垂直运行。

龙门架、井字架物料提升机在现场使用，应编制专项施工方案，并附有有关计算书。

1. 安全防护装置

①停靠装置吊篮到位停靠后，该装置能可靠地承担吊篮自重、额定荷载及运料人员和装卸工作荷载，此时起升钢丝绳不受力。当工人进入吊篮内作业时，吊篮不会因卷扬机抱闸失灵或钢丝绳突然断裂而坠落，以保人员安全；②限速及断绳保护装置当吊篮失控超速或钢丝绳突然断开时，此装置即弹出，两端将吊篮卡在架体上，使吊篮不坠落；③吊篮安全门宜采用联锁开启装置，即当吊篮停车时安全门自动开启，吊篮升降时安全门自行关闭，防止物料从吊篮中滚落或楼面人员失足落入井架；④楼层口停靠栏杆升降机与各层进料口的接合处搭设了运料通道时，通道处应设防护栏杆，宜采用联锁装置；⑤上料口防护棚升降机地面进料口上方应搭设防护棚。宽度大于升降机最大宽度，长度应大于3（低架）~ 5（高架）m，棚顶可采用50mm厚木板或两层竹笆（上下竹笆间距不小于600mm）；⑥超高限位装置防止吊篮上升失控与天梁碰撞的装置；⑦下极限限位装置主要用于高架升降机，为防止吊篮下行时不停机，压迫缓冲装置造成事故；⑧超载限位器为防止装料过多而设置。当荷载达到额定荷载的90%时，发出报警信号，荷载超过额定荷载时，切断电源；⑨通信装置升降时传递联络信号。必须是一个闭路的双向电气通信系统；⑩井架操作室应防雨、防晒、视线好、拆装方便，可采用聚苯乙烯夹芯彩钢板组装制作。

2. 基础、附墙架、缆风绳及地锚

基础依据升降机的类型及土质情况确定基础的做法。基础埋深与做法应符合设计和升降机出厂使用规定，应有排水措施。距基础边缘5m范围内，开挖沟槽或有较大振动的施工时，应有保证架体稳定的措施。

附墙架架体每间隔一定高度必须设一道附墙杆件与建筑结构部分进行连接，其间隔一般不大于9m，且在建筑物顶层必须设置一组，从而确保架体的自身稳定。附墙件与架体及建筑之间均应采用刚性连接，不得连接在脚手架上，严禁用钢丝绑扎。

缆风绳当升降机无条件设置附墙架时，应采用缆风绳固定架体。第一道缆风绳的位置可以设置在距地面20m高处，架体高度超过20m以上，每增高10m就要增加一组缆风绳；

每组（或每道）缆风绳不应少于四根，沿架体平面 360° 范围内布局，按照受力情况缆风绳应采用直径不小于 9.3mm 的钢丝绳。

地锚要视其土质情况，决定地锚的形式和做法。一般宜选用卧式地锚；当受力小于 15kN、土质坚实时，也可选用桩式地锚。

3. 安装与拆除

①龙门架、井字架物料提升机的安装与拆除必须编制专项施工方案，并应由有资质的队伍施工；②升降机应有专职机构和专职人员管理。司机应经专业培训，持证上岗；③组装后应进行验收，并进行空载、动载和超载试验；④严禁载人升降，禁止攀登架体及从架体下面穿越。

（三）施工外用电梯

1. 构造特点

建筑施工外用电梯又称附壁式升降机，是一种垂直井架（立柱）导轨式外用笼式电梯。主要用于工业、民用高层建筑的施工，桥梁、矿井、水塔的高层物料和人员的垂直运输。

2. 安全装置

外用电梯为保证使用安全，本身设置了必要的安全装置，这些装置有机械的、电气的以及机械电气连锁的，主要有限速器、缓冲弹簧、上下限位器、安全钩、吊笼门和底笼门联锁装置、急停开关、楼层通道门等，它们应该经常保持良好状态，防止意外事故发生。

3. 使用安全技术要求

①施工升降机应为人货两用电梯，其安装和拆卸工作必须由取得建设行政主管部门颁发的拆装资质证书的专业队负责，并须由经过专业培训，取得操作证的专业人员进行操作和维修；②升降机的专用开关箱应设在底架附近便于操作的位置，馈电容量应满足升降机直接启动的要求，箱内必须设短路、过载、相序、断相及零位保护等装置；③升降机梯笼周围 2.5m 范围内应设置稳固的防护栏杆，各楼层平面通道应平整牢固，出入口应设防护栏杆和防护门。全行程四周不得有危害安全运行的障碍物；④升降机安装在建筑物内部井道中间时，应在全行程范围井壁四周搭设封闭屏障，装设在阴暗处或夜班作业的升降机，应在全行程上装设足够的照明和明亮的楼层编号标志灯；⑤升降机的防坠安全器，在使用中不得任意拆检调整，需要拆检调整时或每用满一年后，均由生产厂或指定的认可单位进行调整、检修或鉴定；⑥作业前重点检查项目应符合的要求：各部结构无变形，连接螺栓无松动；齿条与齿轮、导向轮与导轨均连接正常；各部钢丝绳固定良好，无异常磨损；运行范围内无障碍；⑦启动前宜检查并确认电缆、接地线完整无损，控制开关在零位。电源接通后，应检查并确认电压正常，应测试无漏电现象。应试验并确认各限位装置、梯笼、围护门等处的电器联锁装置良好可靠，电器仪表灵敏有效。启动后应进行空载升降试验，

测定各传动机构制动器的效能，确认正常后方可开始作业；⑧升降机在每班首次载重运行时，当梯笼升离地面 1 ~ 2m 时，应停机试验制动器的可靠性；当发现制动效果不良时，应调整或修复后方可运行；⑨梯笼内乘人或载物时，应使荷载均匀分布，不得偏重。严禁超载运行；⑩操作人员应根据指挥信号操作，作业前应鸣声示意。在升降机未切断电源开关前，操作人员不得离开操作岗位；⑪ 当升降机运行中发现有异常情况，应立即停机并采取有效措施将梯笼降到底层，排除故障后可继续运行。在运行中发现电气失控时，应立即按下急停按钮；在未排除故障前，不得打开急停按钮；⑫ 升降机在大雨、大雾、六级及以上大风，以及导轨、电缆等结冰时，必须停止运行，并将梯笼降到底层，切断电源。暴风雨后应对升降机各喉管安全装置进行一次检查，确认正常后方可运行；⑬ 升降机运行到最上层或最下层时，严禁用行程开关作为停止运行的控制开关；⑭ 作业后应将梯笼降到底层，各控制开关拨到零位，切断电源、锁好开关箱、闭锁梯笼和围护门。

第二节　水平运输机械

一、土石方机械

土石方工程施工主要有开挖、装卸、运输、回填、夯实等工序。目前，使用的机械主要有推土机、铲运机、挖掘机（包括正铲、反铲、拉铲、抓铲等）、装载机、压实机等。

（一）推土机

推土机是由拖拉机驱动的机器，有一宽而钝的水平推铲，用以清除土地、道路、构筑物或类似的工作。包括机械履带式、液压履带式、液压轮胎式。

①推土机在坚硬的土壤或多石土壤地带作业时，应先进行爆破或用松土器翻松。在沼泽地带作业时，应更换湿地专用履带板；②不得用推土机推石灰、烟灰等粉尘物料和用作碾碎石块的作业；③牵引其他机械设备时，应有专人负责指挥；钢丝绳的连接应牢固可靠。在坡道或长距离牵引时，应采用牵引杆连接；④推土机行驶前，严禁有人站在履带或刀片的支架上，机械四周应无障碍物，确认安全后方可开动；⑤驶近边坡时，铲刀不得越出边缘。后退时应先换挡，方可提升铲刀进行倒车；⑥在深沟、基坑或陡坡地区作业时，应有专人指挥，其垂直边坡高度不应大于 2m；⑦在推土或松土作业中不得超载，不得做有损铲刀、推土架、松土器等装置的动作，各项操作应缓慢平稳；⑧两台以上推土机在同一地区作业时，前后距离应大于 8.0m，左右距离应大于 1.5m。在狭窄道路上行驶时，未征得前机同意，后机不得超越；⑨推土机转移行驶时，铲刀距地面宜为 400mm，不得用

高速挡行驶和进行急转弯。不得长距离倒退行驶。长途转移工地时，应采用平板拖车装运。短途行走转移时，距离不宜超过10km，并在行走过程中应经常检查和润滑行走装置；⑩作业完毕后，应将推土机开到平坦安全的地方，落下铲刀，有松土器的应将松土器爪落下；⑪停机时，应先降低内燃机转速，变速杆放在空挡，锁紧液力传动的变速杆，分开主离合器，踏下制动踏板并锁紧，待水温降到75℃以下、油温度降到90℃以下时，方可熄火。在坡道上停机时，应将变速杆挂低速挡，接合主离合器，锁住制动踏板，并将履带或轮胎楔住；⑫在推土机下面检修时，内燃机必须熄火，铲刀应放下或垫稳。

（二）挖掘机

用铲斗挖掘高于或低于承机面的物料，并装入运输车辆或卸至堆料场的土方机械。挖掘的物料主要是土壤、煤、泥沙及经过预松后的岩石和矿石。

挖掘机械一般由动力装置、传动装置、行走装置和工作装置等组成。

①单斗挖掘机的作业和行走场地应平整坚实，对松软地面应垫以枕木或垫板，沼泽地区应先做路基处理，或更换湿地专用履带板。②轮胎式挖掘机使用前应支好支腿并保持水平位置，支腿应置于作业面的方向，转向驱动桥应置于作业面的后方。采用液压悬挂装置的挖掘机，应锁住两个悬挂液压缸。履带式挖掘机的驱动轮应置于作业面的后方。③平整作业场地时，不得用铲斗进行横扫或用铲斗对地面进行夯实。④挖掘机正铲作业时，除松散土壤外，其最大开挖高度和深度不应超过机械本身性能规定。在拉铲或反铲作业时，履带到工作面边缘距离应大于1.0m，轮胎距工作面边缘距离应大于1.5m。⑤遇到较大的坚硬石块或障碍物时，应待清除后方可开挖，不得用铲斗破碎石块、冻土，或用单边斗齿硬啃。⑥挖掘悬崖时，应采取防护措施。作业面不得留有伞沿状及松动的大块石，当发现有塌方危险时，应立即处理或将挖掘机撤至安全地带。⑦作业时应待机身停稳后再挖土，当铲斗未离开工作面时，不得做回转、行走等动作；回转制动时应使用回转制动器，不得用转向离合器反转制动。⑧作业时各操纵过程应平稳，不宜紧急制动。铲斗升降不得过猛，下降时不得碰撞车架或履带。斗臂在抬高及回转时，不得碰到洞壁、沟槽侧面或其他物体。⑨向运土车辆装车时，宜降低挖铲斗减小卸落高度，避免偏装或砸坏车厢，汽车未停稳或铲斗须越过驾驶室而司机未离开前不得装车。⑩反铲作业时，斗臂应停稳后再挖土，挖土时斗柄伸出不宜过长，提斗不得过猛。⑪作业后，挖掘机不得停放在高边坡附近和填方区，应停放在坚实、平坦、安全的地带，将铲斗收回平放在地面上，所有操纵杆置于中位，关闭操纵室和机棚。⑫履带式挖掘机转移工地应采用平板拖车装运。短距离自行转移时，应低速缓行，每行走500 ~ 1000m应对行走机构进行检查和润滑。⑬司机离开操作位置，不论时间长短，必须将铲斗落地并关闭发动机。⑭不得用铲斗吊运物料。使用挖掘机拆除构筑物时，操作人员应了解构筑物倒塌方向，在挖掘机驾驶室与被拆除构筑物之间留有构筑物倒塌的空间。⑮作业结束后，应将挖掘机开到安全地带，落下铲斗制动好回转

机构，操纵杆放在空挡位置。⑯保养或检修挖掘机时，除检查内燃机运行状态外，必须将内燃机熄火，并将液压系统卸荷，铲斗落地。利用铲斗将底盘顶起进行检修时，应使用垫木将抬起的轮胎垫稳，并用木楔将落地轮胎楔牢，然后将液压系统卸荷，否则严禁进入底盘下工作。

二、输送机械

（一）散装水泥车

①装料前应检查并清除罐体及出料管道内的积灰和结渣等物，各管道、阀门应启闭灵活，不得有堵塞、漏气等现象，各连接部件应牢固可靠。②在打开装料口前，应先打开排气阀，排除罐内残余气压。③装料时应打开料罐内料位器开关，待料位器发出满位声响信号时，应立即停止装料。④装料完毕应将装料口边缘上堆积的水泥清扫干净，盖好进料口盖，并把插销插好锁紧。⑤卸料前应将车辆停放在平坦的卸料场地，装好卸料管。关闭卸料管蝶阀和卸压管球阀，打开二次风管并接通压缩空气，保证空气压缩机在无载情况下启动。⑥在向罐内加压时，确认卸料阀处于关闭状态。待罐内气压达到卸料压力时，应先稍开二次风嘴阀后再打开卸料阀，并调节二次风嘴阀的开度来调整空气与水泥的最佳比例。⑦卸料过程中，应观察压力表压力变化情况，如压力突然上升，而输气软管堵塞不再出料，应立即停止送气并放出管内压气，然后清除堵塞。⑧卸料作业时，空气压缩机应有专人负责，其他人员不得擅自操作。在进行加压卸料时，不得改变内燃机转速。⑨卸料结束应打开放气阀，放尽罐内余气，并关闭各部阀门。车辆行驶过程中，罐内不得有压力。⑩雨天不得在露天装卸水泥。应经常检查并确认进料口盖关闭严实，不得让水或湿空气进入罐内。

（二）机动翻斗车

机动翻斗车是一种料斗可倾翻的短途输送物料的车辆，在建筑施工中常用于运输砂浆、混凝土熟料以及散装物料等。采用前轴驱动，后轮转向，整车无拖挂装置。前桥与车架成刚性连接，后桥用销轴与车架校接，能绕销轴转动，确保在不平整的道路上正常行驶。使用方便，效率高，车身上安装有一个“斗”状容器，可以翻转以方便卸货。包括前置重力卸料式、后置重力卸料式、车液压式、铰接液压式。

①车上除司机外不得带人行驶。②行驶前应检查锁紧装置并将料斗锁牢，不得在行驶时掉斗。行驶时应从一挡起步，不得用离合器处于半结合状态来控制车速。③上坡时当路面不良或坡度较大，应提前换入低挡行驶；下坡时严禁空挡滑行，转弯时应先减速，急转弯时应先换入低挡。④翻斗车制动时，应逐渐踩下制动踏板，并应避免紧急制动。⑤通过

泥泞地段或雨后湿地时，应低速缓行，应避免换挡、制动、急剧加速，且不得靠近路边或沟旁行驶，并应防侧滑。⑥翻斗车排成纵队行驶时，前后车之间应保持 8m 的间距，在下雨或冰雪的路面上应加大间距。⑦在坑沟边缘卸料时，应设置安全挡块，车辆接近坑边时应减速行驶，不得剧烈冲撞挡块。⑧严禁料斗内载人，料斗不得在卸料工况下行驶或进行平地作业。⑨内燃机运转或料斗内荷载时，严禁在车底下进行任何作业。⑩停车时应选择适合地点，不得在坡道上停车。冬季应采取防止车轮与地面冻结的措施。⑪操作人员离机时，应将内燃机熄火，并挂挡、拉紧手制动器。⑫作业后，应对车辆进行清洗，清除砂土及混凝土等黏结在料斗和车架上的脏物。

第三节　中小型机械、施工机具安全防护

中小型机械主要是指建筑工地上使用的混凝土搅拌机、砂浆搅拌机、卷扬机、机动翻斗车、蛙式打夯机、磨石机、混凝土振捣器等。这些机械设备数量多、分布广，常因使用维修保养不当而发生事故。

一、混凝土搅拌机和砂浆搅拌机

混凝土搅拌机由搅拌筒、上料机构、搅拌机构、配水系统、出料机构、传动机构和动力部分组成。

①固定式的搅拌机要有可靠的基础，操作台面牢固、便于操作，操作人员应能看到各工作部位情况；移动式的应在平坦坚实的地面上支架牢靠，不准以轮胎代替支撑，使用时间较长的（一般超过三个月的），应将轮胎卸下妥善保管。②使用前要空车运转，检查各机构的离合器及制动装置情况，不得在运行中做注油保养。③作业中严禁将头或手伸进料斗内，也不得贴近机架察看；运转出料时，严禁用工具或手进入搅拌筒内扒动。④运转中途不准停机，也不得在满载时启动搅拌机（反转出料者除外）。⑤作业中发生故障时，应立即切断电源，将搅拌筒内的混凝土清理干净，然后再进行检修，检修过程中电源处应设专人监护（或挂牌）并拴牢上料斗的摇把，以防误动摇把，使料斗提升，发生挤伤事故。⑥料斗升起时，严禁在其下方工作或穿行，料坑底部要设料斗的枕垫，清理料坑时必须将料斗用链条扣牢。料斗升起挂牢后，坑内才准下人。⑦作业后，要进行全面冲洗，筒内料出净，料斗降落到最低处坑内；如须升起放置时，必须用链条将料斗扣牢。⑧搅拌机要设置防护棚，上层防护板应有防雨措施，并根据现场排水情况做顺水坡。

二、混凝土振捣器

机械振动时将具有一定频率和振幅的振动力传给混凝土，强迫其发生振动密实。

①使用前检查各部应连接牢固，旋转方向正确。②振捣器不得放在初凝的混凝土、地板、脚手架、道路和干硬的地面上进行试振。如检修或作业间断时，应切断电源。③插入式振捣器软轴的弯曲半径不得小于50cm，并不得多于两个弯；振捣棒应自然垂直地沉入混凝土，不得用力硬插、斜推或使钢筋夹住棒头，也不得全部插入混凝土中。④振捣器应保持清洁，不得有混凝土黏结在电动机外壳上妨碍散热。⑤作业转移时，电动机的导线应保持足够的长度和松度，严禁用电源线拖拉振捣器。⑥用绳拉平板振捣器时，拉绳应干燥绝缘，移动或转向时不得用脚踢电动机。⑦振捣器与平板应保持紧固，电源线必须固定在平板上，电器开关应装在手把上。⑧在一个构件上同时使用几台附着式振捣器工作时，所有振捣器的频率必须相同。⑨操作人员必须穿绝缘胶鞋和绝缘手套。⑩作业后，必须做好清洗、保养工作。振捣器要放在干燥处。

三、卷扬机

（一）性能

卷扬机在建筑施工中使用广泛，它可以单独使用，也可以作为其他起重机械的卷扬机构。

卷扬机的标准传动形式是卷筒通过离合器而连接于原动机，其上配有制动器，原动机始终按同一方向转动。提升时靠上离合器；下降时离合器打开，卷扬机卷筒由于荷载重力的作用而反转，重物下降，其转动速度用制动器控制。

（二）使用

1. 安装位置

①视野良好、施工过程中司机应能对操作范围内全过程监视；②地基坚固，防止卷扬机移动和倾覆；③从卷筒到第一个导向滑轮的距离，按规定带槽卷筒应大于卷筒宽度的15倍，无槽卷筒应大于20倍；④搭设操作棚和给操作人员创造一个安全作业条件。

2. 安全使用

①卷扬机司机应经专业培训持证上岗。操作人员经培训发证后，方准操作；②开车前，应检查各装置是否完好可靠；③送电前控制器须放在零位，送电时操作人员不许站在开关对面，以防保险丝爆炸伤人，转动时应缓慢启动，不准突然启动；④要做到“一勤、

二检、三不开”(一勤：给卷扬机的各润滑部位要勤注油；二检：检查齿轮啮合是否正常，检查卷扬机前面的第一个导向滑轮的钢丝绳，是否垂直于卷筒中心线；三不开：信号不明不开，卷扬机前第一个导向滑轮及快绳附近有人不开，电流超载不开)；⑤操作时，起重钢丝绳不准有打扣或绕圈等现象，不准在卷扬机处于工作状态时注油或进行修理工作；⑥工作时，要经常停车检查各传动部位和摩擦零件的润滑情况，轴瓦温度不得超过60°，严禁载人；⑦卷扬机使用的钢丝绳与卷筒牢固卡好，钢丝绳在卷筒上的圈数，除压板固定的圈数外，至少还要留2～3圈；⑧工作时，机身2m范围内不许站人；⑨起吊重物时，应先缓慢吊起，检查网扣及物件捆绑是否牢固，置物下降离地面2～3m时，应停车检查有无障碍，垫板是否垫好，确认无异常后，才能平稳下降；⑩手摇卷扬机的绳索受力时，手不得松开，防止倒转伤人；⑪钢丝绳要定期涂油并要放在专用的槽道里，以防碾压倾轧，破坏钢丝绳的强度；⑫工作完毕后，电动卷扬机必须把手闸拉掉，电闸木箱应锁好。手摇卷扬机必须把摇把拆掉，在室外工作时必须有防晒、防雨设施。

四、手持电动工具

①使用刃具的机具，应保持刃磨锋利、完好无损，安装正确、牢固可靠。②使用砂轮的机具，应检查砂轮与接盘间的软垫片安装稳固、螺帽不得过紧，凡受潮、变形、裂纹、破碎、磕边缺口或接触过油、碱类的砂轮均不得使用，并不得将受潮的砂轮片自行烘干使用。③在潮湿地区或在金属构架、压力容器、管道等导电良好的场所作业时，必须使用双重绝缘或加强绝缘的电动工具。④非金属壳体的电动机、电器，在存放和使用时不应受压、受潮，并不得接触汽油等溶剂。⑤作业前应检查：外壳、手柄不出现裂缝、破损；电缆软线及插头等完好无损，开关动作正常；各部防护罩齐全牢固，电气保护装置可靠；保护接零连接正确，牢固可靠。⑥使用前应先检查电源电压是否和电动工具铭牌上所规定的额定电压相符。长期搁置未用的电动工具，使用前还必须用500V兆欧表测定绕组与机壳之间的绝缘电阻值，应不得小于8MΩ，否则必须进行干燥处理。机具启动后应空载运转，检查并确认机具联动灵活无阻，作业时加力应平稳，不得用力过猛。⑦严禁超载使用，电动工具连续使用的时间也不宜过长，否则微型电机容易过热损坏，甚至烧毁。作业时间2h左右、机具升温超过60℃时，应停机自然冷却后再作业。⑧作业中不得用手触摸刀具、模具和砂轮，发现其有磨钝、破损情况时应立即停机修整或更换。⑨机具转动时，不得撒手不管。⑩操作人员操作时要站稳，使身体保持平衡，并不得穿宽大的衣服，不戴纱手套，以免卷入工具的旋转部分。⑪使用电动工具时，操作都所使用的压力不能超过电动工具所允许的限度，切忌单纯求快而用力过大，致使电机因超负荷运转而损坏。⑫电机工具在使用中不得任意调换插头，更不能不用插头，而将导线直接插入插座内。当电动工具须调换工作头时，应及时拔下插头，但不能拉着电源线拔下插头。插插头时，开关应在断开位置，以防突然启动。⑬使用过程中要经常检查，如发现绝缘损坏，电源线或电缆护套破裂，接地线脱落，插头插座开裂，接触不良以及断续运转等故障时，应立即修理，否则不得使用，移动电动工具时，必须握持工具的手柄，不能用拖拉橡皮软

线来搬运工具，并随时注意防止橡皮软线擦破、割断和轧坏现象，以免造成人身事故。⑭电动工具不适宜在含有易燃、易爆或腐蚀性气体及潮湿等特殊环境中使用，并应存入于干燥、清洁和没有腐蚀性气体的环境中，对于非金属壳体的电机、电器，在存入和使用时应避免与汽油等接触。

第四节　吊装工程

一、起重机安全责任

《建筑起重机械安全监督管理规定》指出，最重要的责任主体是掌握产权、专业技术、专业人员并提供服务的专业公司，如租赁单位、安装单位、使用单位。

《规定》中要求，建筑起重机械在验收前应当经有相应资质的检验检测机构监督检验合格，是建筑起重机械很重要的一道安全屏障。“监督检验”是由国家质量监督总局核准的检验检测机构实施。检验检测机构和检验检测人员对检验检测结果、鉴定结论依法承担法律责任。检验检测机构也是很重要的安全责任主体。

《规定》中要求，特种作业人员应当经建设主管部门考核，并发证上岗。不合格的特种作业人员在施工现场是重大危险源。

二、安全技术

（一）起重吊装的一般安全要求

①重吊装工人属于特种作业人员，汽车吊、司索工、龙门吊操作人员和起重指挥（信号工）人员必须经培训、考试合格后，持证上岗。②参加起重吊装作业的人员必须了解和熟悉所使用的机械设备性能，并遵守操作规程的规定。③起重机的司机和指挥人员应熟悉和掌握所使用的起重信号，起重信号一经规定，严禁随意擅自变动，指挥人员必须站在起重机司机和起重工都能看见的地方，并严格按规定的起重信号指挥作业；如因现场条件限制，可配备信号员传递其指挥信号。汽车吊必须由起重机司机驾驶。④起重机械应具备有效的检验报告及合格证，并经进场验收合格；起重吊装作业所用的吊具、索具等必须经过技术鉴定或检验合格，方可投入使用。⑤高处吊装作业应由经体检合格的人员担任，禁止酒后或严重心脏病患者从事起重吊装的高处作业。⑥起重吊装作业的区域，必须设置有效的隔离和警戒标志；涉及交通安全的起重吊装作业，应及时与交通管理部门联系，办理有关手续，并按交通管理部门的要求落实好具体安全措施。严禁任何人在已吊起的构件下停留或穿行，已吊起的构件不准长时间悬停在空中。不直接参加吊装的人员和与吊装无关的

人员，禁止进入吊装作业现场。⑦对所起吊的构件，应事前了解其准确的自重，并选用合适的滑轮组和起重钢丝绳，严禁盲目的冒险起吊。严禁用起重机载运人员，并严格实行重物离地 20 ~ 30cm 试吊，确认安全可靠，方可正式吊装作业。⑧预制构件起吊前，必须将模板全部拆除堆放好，严防构件吊起后模板坠落伤人。⑨现场堆放屋架、屋面梁、吊车梁等构件，必须支垫稳妥，并用支撑撑牢，严防倾倒。严禁将构件堆放在通行道路上，保持消防道路畅通无阻。⑩使用撬杠做和拨的操作时，应用双手握持撬杠，不得用身体扑在撬杠上或坐在撬杠上，人要立稳，拴好安全带。⑪起重机行驶的道路必须平整坚实，对地下有坑穴和松软土层者应采取措施进行处理，对于土体承载力较小地区，采用起重机吊装重量较大的构件时，应在起重机行驶的道路上采用钢板、道木等铺垫措施，以确保机车的作业条件。⑫起重机严禁在斜坡上作业，一般情况纵向坡度不大于 3%，横向坡度不大于 1%。两个履带不得一高一低，并不得载负荷行驶。严禁超载，起重机在卸载或空载时，其起重臂必须落到最低位置，即与水平面的夹角在 60° 以内。⑬起吊时，起重物必须在起重臂的正下方，不准斜拉、斜吊（斜吊指所要起吊的重物不在起重机起重臂顶的正下方，因而当将捆绑重物的吊索挂上吊钩后，吊钩滑车组不与地面垂直。斜吊会使重物在离开地面后发生快速摆动，可能碰伤人或碰撞其他物体）。吊钩的悬挂点与被起吊物的重心在同一垂直线上，吊钩的钢丝绳应保持垂直。履带或轮胎式起重机在满负荷或接近满负荷时，不得同时进行两种操作动作。被起吊物必须绑扎牢固。两支点起吊时，两副吊具中间的夹角不应大于 60° ，吊索与物件的夹角宜采用 45° ~ 60° ，且不得小于 30° ，落钩时应防止被起吊物局部着地引起吊绳偏斜，被起吊物未固定或未稳固前不得将起重机械松钩。⑭高压线或裸线附近工作时，应根据具体情况停电或采取其他可靠防护措施后，方准进行吊装作业。起重机不得在架空输电线路下面作业，通过架空输电线路时，应将起重臂落下，并保持安全距离；在架空输电路一侧工作时，无论在何种情况下，起重臂、钢丝绳、被吊物体与架空线路的最近距离不得小于规定。⑮用塔式起重机或长吊杆的其他类型的起重机时，应设有避雷装置或漏电保护开关。在雷雨季节，起重设备若在相邻建筑物或构筑物的防雷装置的保护范围以外，要根据当地平均雷暴日数及设备高度，设置防雷装置。⑯吊装就位，必须放置平稳牢固后，方准松开吊钩或拆除临时性固定，未经固定，不得进行下道工序或在其上行走。起吊重物转移时，应将重物提升到所遇到物件高度的 0.5m 以上。严禁起吊重物长时间悬挂在空中，作业中若遇突发故障，应立即采取措施使重物降落到安全的地方（下降中严禁制动）并关闭发动机或切断电源后进行维修；在突然停电时，应立即把所有控制器拨到零位，并采取措施将重物降到地面。⑰遇六级以上大风，或大雨、大雾、大雪、雷电等恶劣天气及夜间照明不足等恶劣气候条件时，应停止起重吊装作业。在雨期或冬季进行起重吊装作业时，必须采取防滑措施，如清除冰雪、屋架上捆绑麻袋或在屋面板上铺垫草袋等。⑱高处作业人员使用的工具、零配件等，必须放在工具袋内，严禁随意丢掷。在高处用气割或电焊切割时，应采取可靠措施防止已割下物坠落伤人。在高处使用撬棍时，人要立稳，如附近有脚手架或已安装好的构件，应一手扶住，一手操作。撬根插进深度要适宜，如果撬动距离较大，则应逐步撬动，不宜急于求成。⑲工人在安装、校正构件时，应站在操作平台上进行，并佩戴安全带且一般应高挂低用（将安全带绳端的钩环挂于高处，而人在低处操作）；如需要在屋架上弦行走，则应在上弦上设置防护栏杆。

总结起来，就是要坚持起重机械十不吊：斜吊不准吊、超载不准吊、散装物装得太满或捆扎不牢不准吊、指挥信号不明不准吊、吊物边缘锋利无防护措施不准吊、吊物上站人不准吊、埋入地下的构件情况不明不准吊、安全装置失灵不准吊、光线阴暗看不清吊物不准吊、六级以上强风不准吊。

（二）散装物与细长材料吊运

1. 绑扎安全要求

①卡绳捆绑法用卡环把吊索卡出一个绳圈，用该绳圈捆绑起吊重物的方法。一般是把捆绑绳从重物下面穿过，然后用卡环把绳头和绳子中段卡接起来，绳子中段在卡环中可以自由窜动，当捆绑绳受力后，绳圈在捆绑点处对重物有一束紧的力，即使重物达到垂直的程度，捆绑绳在重物表面也不会滑绳。卡绳捆绑法适合于对长形物件（如钢筋、角铁、钢管等）的水平吊装及桁架结构（如支架、笼等）的吊装；②穿绳安全要求确定吊物重心，选好挂绳位置。穿绳应用铁钩，不得将手臂伸到吊物下面。吊运棱角坚硬或易滑的吊物，必须加衬垫，用套索；③挂绳安全要求：应按顺序挂绳，吊绳不得相互挤压、交叉、扭压、绞拧。一般吊物可用兜挂法，必须保护吊物平衡，对于易滚、易滑或超长货物，宜采用绳索方法，使用卡环锁紧吊绳；④试吊安全要求吊绳套挂牢固，起重机缓慢起升，将吊绳绷紧稍停，起升不得过高。试吊中，指挥信号工、挂钩工、司机必须协调配合。如发现吊物重心偏移或其他物件粘连等情况时，必须立即停止起吊，采取措施并确认安全后方可起吊；⑤摘绳安全要求落绳、停稳、支稳后方可放松吊绳。对易滚、易滑、易散的吊物，摘绳要用安全钩。挂钩工不得站在吊物上面。如遇不易人工摘绳时，应选用其他机具辅助，严禁攀登吊物及绳索；⑥抽绳安全要求吊钩应与吊物重心保持垂直，缓慢起绳，不得斜拉、强拉、不得旋转吊壁抽绳。如遇吊绳被压，应立即停止抽绳，可采取提头试吊方法抽绳。吊运易损、易滚、易倒的吊物不得使用起重机抽绳；⑦捆绑安全要求作业时必须捆绑牢固，吊运集装箱等箱式吊物装车时，应使用捆绑工具将箱体与车连接牢固，并加垫防滑；管材、构件等必须用紧线器紧固；⑧吊挂作业安全要求锁绳吊挂应便于摘绳操作；扁担吊挂时，吊点应对称于吊物中心；卡具吊挂时应避免卡具在吊装中被碰撞。

2. 钢筋吊运

①吊运长条状物品（如钢筋、长条状木方等），所吊物件应在物品上选择两个均匀、平衡的吊点，绑扎牢固；②钢筋、型钢、管材等细长和多根物件必须捆扎牢靠，不准一点

吊要多点起吊。单头“千斤”或捆扎不牢靠不准吊。起吊钢筋时，规格必须统一，不准长短参差不一。地面采用拉绳控制吊物的空中摆动；③钢筋笼吊装前应联系承担运输的长大件公司派员实地查看是否具备车辆进场条件及车辆可能的停放位置和方向，再由生产经理组织物资设备部、安质部、工程部、起重作业负责人和操作员及装吊作业负责人就作业位置、具体吊装作业流程、落笼位置等问题现场予以解决、确定。吊挂捆绑钢筋笼用钢丝绳的安全系数不小于6倍。吊点选择在钢筋笼的定位钢筋处，起吊时严禁单点起吊、斜吊。

3. 砖和砌块吊运

①吊运散件物时，应用铁制合格料斗，料斗上应设有专用的牢固的吊装点；料斗内装物高度不得超过料斗上口边，散粒状的轻浮易撒物盛装高度应低于上口边线10cm；②吊砌块必须使用安全可靠的砌块夹具，吊砖必须使用砖笼，并堆放整齐。木砖、预埋件等零星物件要用盛器堆放稳妥，叠放不齐不准吊。散装物装得太满或捆扎不牢不吊；③用起重机吊砖要用上压式或网罩式砖笼，当采用砖笼往楼板上放砖时，要均布分布，并预先在楼板底下加设支柱或横木承载。砖笼严禁直接吊放在脚手架上，吊砂浆的料斗不能装得过满，装料量应低于料斗上沿100mm。吊件回转范围内不得有人停留，吊物在脚手架上方下落时，作业人员应躲开。

（三）构件吊装

构件吊装要编制专项施工方案，它也是施工组织设计的组成部分。方案中包括：根据吊装构件的重量、用途、形状，施工条件、环境选择吊装方法和吊装的设备；吊装人员的组成；吊装的顺序；构件校正、临时固定的方式；悬空作业的防护等。

①作业时应缓起、缓转、缓移，并用控制绳保持吊物平稳；②码放构件的场地应坚实平整。码放后应支撑牢固、稳定；③作业前应检查被吊物、场地、作业空间等，确认安全后方可作业；④超长型构件运输中，悬出部分不得大于总长的1/4，并应采取防护倾覆措施；⑤吊装大型构件使用千斤顶调整就位时，严禁两端千斤顶同时起落；一端使用两个千斤顶调整就位时，起落速度应一致；⑥移动构件、设备时，构件、设备必须连接牢固，保持稳定。道路应坚实平整，作业人员必须听从统一指挥，协调一致。使用卷扬机移动构件或设备时，必须用慢速卷扬机；⑦暂停作业时，必须把构件、设备支撑稳定，连接牢固后方可离开现场。

第六章　建筑施工专项安全技术与管理

第一节　施工用电安全管理

一、施工用电基本要求与事故隐患

（一）施工用电组织设计

1. 临时用电组织设计范围

按照《施工现场临时用电安全技术规范》的规定，临时用电设备在5台及5台以上或设备总容量在50 kW及50 kW以上者，应编制临时用电施工组织设计，临时用电设备在5台以下或设备总容量在50 kW以下者，应制定安全用电技术措施及电气防火措施。

2. 临时用电组织设计的主要内容

①现场勘测。②确定电源进线、变电所或配电室、配电装置、用电设备位置及线路走向。③进行负荷计算。④选择变压器。⑤设计配电系统。主要内容包括设计配电线路、配电装置和接地装置等。⑥设计防雷装置。⑦确定防护措施。⑧制定安全用电措施和电气防火措施。

3. 临时用电组织设计程序

①临时用电工程图纸应单独绘制。临时用电工程应按图施工。②临时用电组织设计及变更时，必须履行“编制、审核、批准”程序，由电气工程技术人员组织编制，经相关部门审核及具有法人资格企业的技术负责人批准后实施。变更用电组织设计时应补充有关图纸资料。③临时用电工程必须经编制、审核、批准部门和使用单位共同验收，合格后方可投入使用。

4.临时用电施工组织设计审批手续

①施工现场临时用电施工组织设计必须由施工单位的电气工程技术人员编制，技术负责人审核。封面上要注明工程名称、施工单位、编制人并加盖单位公章。②施工单位所编制的临时用电施工组织设计，必须符合《施工现场临时用电安全技术规范》中的有关规定。③临时用电施工组织设计必须在开工前15日内报上级主管部门审核，批准后方可进行临时用电施工。施工时要严格执行审核后的施工组织设计，按图施工。当需要变更施工组织设计时，应补充有关图纸资料。同样，需要上报主管部门批准，待批准后，按照修改前、后的临时用电施工组织设计对照施工。

（二）施工用电的人员要求与技术交底

1.施工用电的人员要求

①电工必须经过按国家现行标准考核合格后，持证上岗工作；其他用电人员必须通过相关安全教育培训和技术交底，考核合格后方可上岗工作。②安装、巡检、维修或拆除临时用电设备和线路，必须由电工完成，并应有人监护。③电工等级应同工程的难易程度和技术复杂性相适应。④各类用电人员应掌握安全用电基本知识和所用设备的性能。⑤使用电气设备前必须按规定穿戴和配备好相应的劳动防护用品，并应检查电气装置和保护设施，严禁设备带“缺陷”运转。⑥用电人员负责保管和维护所用设备，发现问题及时报告解决。⑦现场暂时停用设备的开关箱必须分断电源隔离开关，并应关门上锁。⑧用电人员移动电气设备时，必须经电工切断电源并做妥善处理后进行。

2.施工用电的安全技术交底

对于现场中一些固定机械设备的防护，应和操作人员进行如下交底：①开机前，认真检查开关箱内的控制开关设备是否齐全、有效，漏电保护器是否可靠，发现问题及时向工长汇报，工长派电工处理。②开机前，仔细检查电气设备的接零保护线端子有无松动。严禁赤手触摸一切带电绝缘导线。③严格执行安全用电规范。凡一切属于电气维修、安装的工作，必须由电工来操作。严禁非电工进行电工作业。④施工现场临时用电施工，必须执行施工组织设计和安全操作规程。

（三）施工用电安全技术档案

1.施工现场临时用电必须建立安全技术档案

施工用电安全技术档案应包括下列内容：①用电组织设计的全部资料；②修改用电组织设计的资料；③用电技术交底资料；④用电工程检查验收表；⑤电气设备的试验、检验凭单和调试记录；⑥接地电阻、绝缘电阻和漏电保护器漏电动作参数测定记录表；⑦定期检（复）查表；⑧电工安装、巡检、维修、拆除工作记录。

2. 安全技术档案应由主管现场的电气技术人员负责建立与管理

其中，电工安装、巡检、维修、拆除工作记录可指定电工代管，每周由项目经理审核认可，并应在临时用电工程拆除后统一归档。

3. 临时用电工程应定期检查

定期检查时，应复查接地电阻值和绝缘电阻值。

4. 临时用电工程定期检查应按分部分项工程进行

对安全隐患必须及时处理，并应履行复查验收手续。

（四）用电作业存在的事故隐患

①施工现场临时用电来建立安全技术档案（②未按要求使用安全电压。（③停用设备未拉闸断电，并锁好开关箱。④电气设备设施采用不合格产品。⑤灯具金属外壳未做保护接零。⑥电箱内的电器和导线有带电明露部分，相线使用端子板连接。（⑦电缆过路无保护措施。（⑧ 36 V 安全电压照明线路混乱和接头处未用绝缘胶布包扎。（⑨电工作业未穿绝缘鞋，作业工具绝缘破坏。⑩用铝导体、带肋钢作接地体或垂直接地体。⑪配电不符合三级配电二级保护的要求。⑫搬迁或移动用电设备未切断电源，未经电工妥善处理。⑬施工用电设备和设施线路裸露，电线老化破皮未包。⑭照明线路混乱，接头未绝缘。⑮停电时未挂警示牌。带电作业现场无监护人。⑯保护零线和工作零线混接。⑰配电箱的箱门内无系统图和开关电器未标明用途无专人负责。（1 ⑧未使用五芯电缆，使用四芯加一芯代替五芯电缆。⑲外电与设施设备之间的距离小于安全距离又无防护或防护措施不符合要求。⑳电气设备发现问题未及时请专业电工检修。㉑在潮湿场所不使用安全电压。㉒闸刀损坏或闸具不符合要求。㉓电箱无门、无锁、无防雨措施。㉔电箱安装位置不当，周围杂物多，没有明显的安全标志。㉕高度小于 2.4m 的室内未用安全电压。㉖现场缺乏相应的专业电工，电工不掌握所有用电设备的性能。㉗接触带电导体或接触与带电体（含电源线）连通的金属物体。㉘用其他金属丝代替熔丝。㉙开关箱无漏电保护器或失灵，漏电保护装置参数不匹配。㉚各种机械未做保护接零或无漏电保护器。

二、配电系统安全技术

施工现场临时用电必须采用三级配电系统。三级配电是指施工现场从电源进线开始至用电设备之间，应经过三级配电装置配送电力，即由总配电箱（一级箱）或配电室的配电柜开始，依次经由分配电箱（二级箱）、开关箱（三级箱）到用电设备。

（一）配电系统设置规则

三级配电系统应遵守四项规则，即分级分路规则、动照分设规则、压缩配电间距规则和环境安全规则。

1. 分级分路

①从一级总配电箱（配电柜）向二级分配电箱配电可以分路。②从二级分配电箱向三级开关箱配电同样可以分路。③从三级开关箱向用电设备配电实行所谓“一机一闸”制，不存在分路问题。

按照分级分路规则的要求，在三级配电系统中，任何用电设备均不得越级配电，即其电源线不得直接连接分配电箱或总配电箱，任何配电装置不得挂接其他临时用电设备，否则，三级配电系统的结构形式和分级分路规则将被破坏。

2. 动照分设

①动力配电箱与照明配电箱宜分别设置。若动力与照明合置于同一配电箱内共箱配电，则动力与照明应分路配电。②动力开关箱与照明开关箱必须分箱设置，不存在共箱分路设置问题。

3. 压缩配电间距

压缩配电间距规则是指除总配电箱、配电室（配电柜）外，分配电箱与开关箱之间、开关箱与用电设备之间的空间间距应尽量缩短。按照《施工现场临时用电安全技术规范》的规定，压缩配电间距规则可用以下三个要点说明：①分配电箱应设在用电设备或负荷相对集中的场所；②分配电箱与开关箱的距离不得超过 30m；③开关箱与其供电的固定式用电设备的水平距离不宜超过 3m。

4. 环境安全

环境安全规则是指配电系统对其设置和运行环境安全因素的要求。主要是指对易燃易爆物、腐蚀介质、机械损伤、电磁辐射、静电等因素的防护要求，防止由其引发设备损坏、触电和电气火灾事故。

（二）配电室及自备电源

1. 配电室的位置要求

①靠近电源；②靠近负荷中心；③进出线方便；④周边道路畅通；⑤周围环境灰尘少、潮气少、振动少、无腐蚀介质、无易燃易爆物、无积水；⑥避开污染源的下风侧和易

积水场所的正下方。

2. 配电室的布置

配电室的布置主要是指配电室内配电柜的空间排列。

①配电柜正面的操作通道宽度，单列布置或双列背对背布置时不小于 1.5m；双列面对面布置时不小于 2m。②配电柜后面的维护通道宽度，单列布置或双列面对面布置时不小于 0.8m；双列背对背布置时不小于 1.5m；个别地点有建筑物结构凸出的空地，则此点通道宽度可减少 0.2m。③配电柜侧面的维护通道宽度不小于 1m，配电室顶棚与地面的距离不低于 3m。④配电室内设值班室或检修室时，该室边缘与配电柜的水平距离大于 1m，并采取屏障隔离。⑤配电室内的裸母线与地面通道的垂直距离不小于 2.5m，小于 2.5m 时应采取遮栏隔声，遮栏下面的通道高度不小于 1.9m。⑥配电室围栏上端与其正上方带电部分的净距不小于 75mm。⑦配电装置上端（包括配电柜顶部与配电母线）距离天棚不小于 0.5m。⑧配电室经常保持整洁，无杂物。

3. 配电室的照明

配电室的照明应包括两个彼此独立的照明系统：一是正常照明；二是事故照明。

4. 自备电源的设置

按照《施工现场临时用电安全技术规范》规定，施工现场设置的自备电源是指自行设置的 230 V/400 V 发电机组。施工现场设置自备电源主要是基于以下两种情况：①正常用电时，由外电线路电源供电，自备电源仅作为外电线路电源停止供电时的后备接续供电电源；②正常用电时，无外电线路电源可用，自备电源即作为正常用电的电源。

（三）配电箱及开关箱

1. 配电箱和开关箱的安装要求

（1）位置选择

总配电箱位置应综合考虑便于电源引入，靠近负荷中心，减少配电线路等因素确定。

分配电箱应考虑用电设备分布状况，分片装在用电设备或负荷相对集中的地区，一般分配电箱与开关箱距离应不超过 30m。

（2）环境要求

配电箱、开关箱应装设在干燥通风及常温场所，无严重瓦斯、烟气、蒸汽、液体及其他有害介质，无外力撞击和强烈振动、液体浸溅及热源烘烤的场所，否则应做特殊处理。

配电箱、开关箱周围应有足够两人同时工作的空间和通道，附近不应堆放任何妨碍操作、维修的物品，不得有灌木、杂草。

（3）安装高度

固定式配电箱、开关箱的中心点与地面垂直距离应为 1.4 ~ 1.6m；移动式分配电箱、开关箱中心点与地面的垂直距离宜为 0.8 ~ 1.6m。

2. 配电装置的选择

总配电箱应装设总隔离开关和分路隔离开关、总熔断器和分熔断器（或自动开关和分路自动开关）以及漏电保护器。若漏电保护器同时具备短路、过载、漏电保护功能，则可不设总路熔断器或分路自动开关。总开关电器的额定值、动作整定值应与分路开关电器的额定值、动作整定值相适应。总配电箱应设电压表、总电流表、总电度表及其他仪器。分配电箱应装设总隔离开关和分路隔离开关总熔断器和分熔断器（或自动开关和分路自动开关）。总开关电器的额定值、动作整定值应与分路开关电器的额定值、动作整定值相适应。每台用电设备应有各自的开关箱，箱内必须装有隔离开关和漏电保护器。漏电保护器应安装在隔离开关的负荷侧，严禁用同一个开关电器直接控制两台及两台以上用电设备（包括插座）（“一机一闸一防一箱”）。

关于隔离开关。隔离开关一般多用于高压变配电装置中。《施工现场临时用电安全技术规范》考虑到施工现场实际情况，规定了总配电箱、分配电箱以及开关箱中，都要装设隔离开关，满足在任何情况下都可以使用电设备实现电源隔离。

隔离开关必须是能使工作人员可以看见的在空气中有一定间隔的断路点。一般可将闸刀开关、闸刀型转换开关和熔断器用作电源隔离开关。但空气开关（自动空气断路器）不能做隔离开关。

一般隔离开关没有灭弧能力，绝对不可带负荷拉闸合闸，否则造成电弧伤人和其他事故。因此在操作中，必须在负荷开关切断后，才能拉开隔离开关；只能先合上隔离开关，再合负荷开关。

3. 其他要求

①配电箱、开关箱应采用冷轧钢板或阻燃绝缘材料制作，钢板厚度应为 1.2 ~ 2.0mm，其中，开关箱箱体钢板厚度不得小于 1.2mm，配电箱箱体钢板厚度不得小于 1.5mm，箱体表面应做防腐处理。②配电箱、开关箱应装设端正、牢固。固定式配电箱、开关箱的中心点与地面垂直距离应为 1.4 ~ 1.6m。移动式分配电箱、开关箱中心点与地面的垂直距离宜为 0.8 ~ 1.6m。③配电箱、开关箱内的电器（包括插座）应先安装在金属或非木质阻燃绝缘电器安装板上，然后方可整体固定在配电箱、开关箱箱体内。④配电箱、开关箱内的电器（包括插座）应按其规定位置固定在电器安装板上，不得歪斜和松动。⑤配电箱的电器安装板上必须分设 N 线端子板和 PE 线端子板。N 线端子板必须与金属电器安装板绝缘，PE 线端子板必须与金属电器安装板做电气连接。进出线中的 N 线必须通过 N 线端子板连接，PE 线必须通过 PE 线端子板连接。⑥配电箱金属箱体及箱内不

应带电金属体都必须做保护接零，保护零线应通过接线端子连接。⑦配电箱、开关箱的电源进线端严禁采用插头和插座做活动连接。⑧配电箱、开关箱的导线的进线和出线应设在箱体的下端，严禁设在箱体的上顶面、侧面、后面或箱门处。进、出线应加护套，分路成束并做防水套，导线不得与箱体进出口直接接触。⑨所有的配电箱均应标明其名称、用途并做出分路标记。⑩所有的配电箱、开关箱应每月进行检查和维修一次。检查、维修人员必须是专业电工。检查维修时必须按规定穿戴绝缘鞋、手套，必须使用电工绝缘工具。⑪对配电箱、开关箱进行检查、维修时，必须将其前一级相应的电源分闸断电，并悬挂“禁止合闸，有人工作”的停电标志牌，严禁带电作业。⑫现场停止作业一小时以下时，应将动力开关箱断电上锁。⑬所有配电箱、开关箱在使用过程中必须按照下述操作顺序：送电操作顺序为：总配电箱→分配电箱→开关箱；停电操作顺序为：开关箱→分配电箱→总配电箱。

（四）配电线路

1. 配电线的选择

（1）架空线的选择

架空线的选择主要是选择架空线路导线的种类和导线的截面，其选择依据主要是线路敷设的要求和线路负荷计算的计算电流值。

架空线中各导线截面与线路工作制的关系为：三相四线制工作时，N 线和 PE 线截面不小于相线（L 线）截面的 50%；单相线路的零线截面与相线截面相同。

架空线的材质为：绝缘铜线或铝线，优先采用绝缘铜线。

（2）电缆的选择

电缆的选择主要是选择电缆的类型、截面和芯线配置，其选择依据主要是线路敷设的要求和线路负荷计算的计算电流值。

根据基本供配电系统的要求，电缆中必须包含线路工作所需要的全部工作芯线和 PE 线。特别需要指出，需要三相四线制配电的电缆线路必须采用五芯电缆，而采用四芯电缆外加一条绝缘线等配置方法都是不规范的。

（3）室内配线的选择

室内配线必须采用绝缘导线或电缆，其选择要求基本与架空线路或电缆线路相同。

除以上三种配线方式外，在配电室里还有一个配电母线问题。由于施工现场配电母线常常采用裸扁铜板或裸扁铝板制作成所谓裸母线，因此其安装时，必须用绝缘子支撑固定在配电柜上，以保持对地绝缘和电磁（力）稳定性。母线规格主要由总负荷计算电流确定。

2. 架空线路的敷设

（1）架空线路的组成

架空线路的组成一般包括四部分，即电杆、横担、绝缘子和绝缘导线。

（2）架空线相序排列顺序

动力线、照明线在同一横担上架设时，导线相序排列顺序是：面向负荷从左侧起依次为 L1、N、L2、L3、PE。

动力线、照明线在二层横担上分别架设时，导线相序排列顺序是：上层横担面向负荷从左侧起依次为 L1、L2、L3；下层横担面向负荷从左侧起依次为 L1、L2、L3、N、PE。

架空线路电杆、横担、绝缘子、导线的选择和敷设方法应符合《施工现场临时用电安全技术规范》的规定。严禁集束缠绕，严禁架设在树木、脚手架及其他设施上或从其中穿越。架空线路与邻近线路或固定物的防护距离应符合《施工现场临时用电安全技术规范》的规定。

3. 电缆线路的敷设

电缆敷设应采用埋地或架空两种方式，严禁沿地面明设，以防机械损伤和介质腐蚀。架空电缆应沿电杆、支架、墙壁敷设，并用绝缘子固定，绝缘线绑扎。严禁沿树木、脚手架及其他设施敷设或从其中穿越。

电缆埋地宜采用直埋方式，埋设深度不应小于 0.7m，埋设方法应符合《施工现场临时用电安全技术规范》的规定。直埋电缆在穿越建筑物，构筑物，道路，易受机械损伤、介质腐蚀场所及引出地面从 2m 高到地下 0.2m 处必须加设防护套管，防护套管内径不应小于电缆外径的 1.5 倍。埋地电缆的接头应设在地面以上的接线盒内，电缆接线盒应能防水、防尘、防机械损伤，并远离易燃、易爆、易腐蚀场所。

4. 室内配线的敷设

安装在现场办公室、生活用房、加工厂房等暂设建筑内的配电线路，通称为室内配电线路，简称室内配线。

室内配线可分为明敷设和暗敷设两种。它们具有以下特点：①明敷设可采用瓷瓶、瓷（塑料）夹配线，嵌绝缘槽配线和钢索配线三种方式，不得悬空乱拉。明敷主干线的距地高度不得小于 2.5m。②暗敷设可采用绝缘导线穿管埋墙或埋地方式和电缆直埋墙或直埋地方式。③暗敷设线路部分不得有接头。④暗敷设金属穿管应做等电位联结，并与 PE 线相连接。⑤ 潮湿场所或埋地非电缆（绝缘导线）配线必须穿管敷设，管口和管接头应密封。严禁将绝缘导线直埋墙内或地下。

三、施工照明、保护系统及外电防护安全技术

（一）施工照明

1. 施工照明的一般安全规定

在坑、洞、井内作业、夜间施工或厂房、道路、仓库、办公室、食堂、宿舍、料具堆放场及自然采光差的场所，应设一般照明、局部照明或混合照明。在一个工作场所内，不得只装设局部照明。停电后，操作人员须及时撤离的施工现场，必须装设自备电源的应急照明。

照明器的选择必须按下列环境条件确定：①正常湿度的一般场所，选用开启式照明器；②潮湿或特别潮湿的场所，选用密闭型防水照明器或配有防水灯头的开启式照明器；③含有大量尘埃但无爆炸和火灾危险的场所，选用防尘型照明器；④有爆炸和火灾危险的场所，按危险场所等级选用防爆型照明器；⑤存在较强振动的场所，选用防振型照明器；⑥有酸碱等强腐蚀介质的场所，采用耐酸碱型照明器。

照明器具和器材的质量应符合国家现行有关强制性标准的规定，不得使用绝缘老化或破损的器具和器材。无自然采光的地下大空间施工场所，应编制单项照明用电方案。

2. 照明供电安全规定

一般场所宜选用额定电压为 220 V 的照明器。

下列特殊场所应使用安全特低电压照明器：①隧道、人防工程、高温、有导电灰尘、比较潮湿或灯具离地面高度低于 2.5m 等场所的照明，电源电压不应大于 36 V；②潮湿和易触及带电体场所的照明，电源电压不得大于 24 V；③特别潮湿的场所、导电良好的地面、锅炉或金属容器内的照明，电源电压不得大于 12 V。

使用行灯应符合下列要求：①电源电压不大于 36 V；②灯体与手柄应坚固、绝缘良好并耐热耐潮湿；③灯头与灯体结合牢固，灯头无开关；④灯泡外部有金属保护网；⑤金属网、反光罩、悬吊挂钩固定在灯具的绝缘部位上。

照明变压器必须使用双绕组型安全隔离变压器，严禁使用自耦变压器。照明系统宜使三相负荷平衡，其中每一个单相回路上，灯具和插座数量不宜超过 25 个，负荷电流不宜超过 15 A。携带式变压器的一次侧电源线应采用橡皮护套或塑料护套软电缆；中间不得有接头，长度不宜超过3m，其中，绿、黄双色线只可做PE线使用，电源插销应有保护触头。

工作零线截面应按下列规定选择：①单相二线及二相二线线路中，零线截面与相线截面相同；②三相四线制线路中，当照明器为白炽灯时，零线截面不小于相线截面的 50%；当照明器为气体放电灯时，零线截面按最大负载的电流选择；③在逐相切断的三相照明电路中，零线截面与最大负载相线截面相同。

3. 照明装置安全规定

照明灯具的金属外壳必须与PE线相连接。照明开关箱内必须装设隔离开关、短路与过载保护器和漏电保护器。室外220 V灯具距地面不得低于3m，室内220 V灯具距地面不得低于2.5m。普通灯具与易燃物距离不宜小于300mm；聚光灯、碘钨灯等高热灯具与易燃物距离不宜小于500mm，且不得直接照射易燃物。达不到规定安全距离时，应采取隔热措施。

路灯的每个灯具应单独装设熔断器保护。灯头线应做防水弯。荧光灯管应采用管座固定或用吊链悬挂。荧光灯的镇流器不得安装在易燃的结构物上。

碘钨灯及钠等金属卤化物灯具的安装高度宜在3m以上，灯线应固定在线杆上，不得靠近灯具表面。

螺口灯头及其接线应符合下列要求：①灯头的绝缘外壳无损伤、无漏电；②相线接在与中心触头相连的一端，零线接在与螺纹口相连的一端。

灯具内的接线必须牢固。灯具外的接线必须做可靠的防水绝缘包扎。

暂设工程的照明灯具宜采用拉线开关控制。开关安装位置宜符合下列要求：①拉线开关距离地面高度为2 ~ 3m，与出入口的水平距离为0.15 ~ 0.2m，拉线的出口应向下；②其他开关距离地面高度为1.3m，与出入口的水平距离为0.15 ~ 0.2m。

灯具的相线必须经开关控制，不得将相线直接引入灯具。对于夜间影响飞机或车辆通行的在建工程及机械设备，必须安装醒目的红色信号灯。其电源应设在施工现场电源总开关的前侧，并应设置外电线路停止供电时应急自备电源。

（二）保护系统

1. 保护系统的种类

施工现场临时用电必须采用TN-S接地、接零保护系统，二级漏电保护系统，过载、短路保护系统三种保护系统。

（1）TN-S接地、接零保护系统

接地是指将电气设备的某一可导电部分与大地之间用导体作为电气连接，简单地说，是设备与大地做金属性连接。接零是指电气设备与零线连接。TN-S接地、接零保护系统，简称TN-S系统，即变压器中性点接地、保护零线PE与工作零线N分开的三相五线制低压电力系统。其特点是变压器低压侧中性点直接接地，变压器低压侧引出5条线（3条相线、1条工作零线、1条保护零线）。TN-S符号的含义是：T表示接地，N表示接零，S表示保护零线与工作零线分开。

（2）二级漏电保护系统

二级漏电保护是指在整个施工现场临时用电工程中，总配电箱中必须装设漏电保护器，开关箱中也必须装设漏电保护器。这种由总配电箱和所有开关箱中的漏电保护器所构成的漏电保护系统称为二级漏电保护系统。

（3）过载、短路保护系统

预防过载、短路故障危害的有效技术措施就是在基本供配电系统中设置过载、短路保护系统。过载、短路保护系统可通过在总配电箱、分配电箱、开关箱中设置过载、短路保护电器实现。这里需要指出，过载、短路保护系统必须按三级设置，即在总配电箱、分配电箱、开关箱及其各分路中都要设置过载、短路保护电器。用作过载、短路保护的电器主要有各种类型的断路器和熔断器。

2. 接零接地及防雷存在的事故隐患

①固定式设备未使用专用开关箱，未执行“一机一闸一漏一箱”的规定。②施工现场的电力系统利用大地做相线和零线。③电气设备的不带电的外露导电部分，未做保护接零。④使用绿、黄双色线做负荷线。⑤现场专用中性点直接接地的电力线路未采用 TN-S 接零保护系统。⑥做防雷接地的电气设备未同时做重复接地。⑦保护零线未单独敷设，并做他用。⑧电力变压器的工作接地电阻大于 4Ω。⑨塔式起重机（含外用电梯）的防雷冲击接地电阻值大于 10Ω。⑩保护零线装设开关或熔断器，零线有拧缠式接头。⑪同一供电系统一部分设备做保护接零，另一部分设备保护接地（除电梯、塔式起重机设备外）。⑫保护零线未按规定在配电线路做重复接地。⑬重复接地装置的接地电阻值大于 10Ω。⑭潮湿和条件特别恶劣的施工现场的电气设备未采用保护接零。

3. 接零与接地的一般规定

在施工现场专用变压器供电的 TN-S 接零保护系统中，电气设备的金属外壳必须与保护零线连接。保护零线应由工作接地线、配电室（总配电箱）电源侧零线或总漏电保护器电源侧零线处引出。

当施工现场与外电线路共用同一供电系统时，电气设备的接地、接零保护应与原系统保持一致，不得一部分设备做保护接零，另一部分设备做保护接地。采用 TN-S 系统做保护接零时，工作零线（N 线）必须通过总漏电保护器，保护零线（PE 线）必须由电源进线零线重复接地处或总漏电保护器电源侧零线处，引出形成局部 TN-S 接零保护系统。

在 TN-S 接零保护系统中，通过总漏电保护器的工作零线与保护零线之间不得再做电气连接。在 TN-S 接零保护系统中，PE 零线应单独敷设。重复接地线必须与 PE 线相连接，严禁与 N 线相连接。

使用一次侧由 50 V 以上电压的接零保护系统供电，二次侧为 50 V 及以下电压的安全隔离变压器时，二次侧不得接地，并应将二次线路用绝缘管保护或采用橡皮护套软线。

当采用普通隔离变压器时，其二次侧一端应接地，且变压器正常不带电的外露可导电部分应与一次回路保护零线相连接。变压器应采取防直接接触带电体的保护措施。施工现场的临时用电电力系统严禁利用大地做相线或零线。

TN 系统中的保护零线除必须在配电室或总配电箱处做重复接地外，还必须在配电系统的中间处和末端处做重复接地。在 TN 系统中，严禁将单独敷设的工作零线再做重复接地。接地装置的设置应考虑土壤干燥或冻结及季节变化的影响。但防雷装置的冲击接地电阻值只考虑在雷雨季节中土壤干燥状态的影响。

保护零线必须采用绝缘导线。配电装置和电动机械相连接的 PE 线应为截面不小于 2.5mm^2 的绝缘多股铜线；手持式电动工具的 PE 线应为截面不小于 1.5mm^2 的绝缘多股铜线。PE 线上严禁装设开关或熔断器，严禁通过工作电流且严禁断线。

4. 接零与接地的安全技术要点

（1）保护接零

在 TN 系统中，下列电气设备不带电的外露可导电部分应做保护接零：a. 电机、变压器、电器、照明器具、手持式电动工具的金属外壳；b. 电气设备传动装置的金属部件；c. 配电柜与控制柜的金属框架；d. 配电装置的金属箱体、框架及靠近带电部分的金属围栏和金属门；e. 电力线路的金属保护管、敷线的钢索、起重机的底座和轨道、滑升模底板金属操作平台等；f. 安装在电力线路杆（塔）上的开关、电容器等电气装置的金属外壳及支架。

城防、人防、隧道等潮湿或条件特别恶劣施工现场的电气设备必须采用保护接零。

在 TN 系统中，下列电气设备不带电的外露可导电部分，可不做保护接零：a. 在木质、沥青等不良导电地坪的干燥房间内，交流电压 380 V 及以下的电气装置金属外壳（当维修人员可能同时触及电气设备金属外壳和接地金属物件时除外）；b. 安装在配电柜、控制柜金属框架和配电箱的金属箱体上，且与其可靠电气连接的电气测量仪表、电流互感器、电器的金属外壳。

（2）接地与接地电阻

①单台容量超过 100 kV· A 或使用同一接地装置并联运行且总容量超过 100 kV· A 的电力变压器或发电机的工作接地电阻值不得大于 4Ω；②单台容量不超过 100 kV· A 或使用同一接地装置并联运行且总容量不超过 100 kV· A 的电力变压器或发电机的工作接地电阻值不得大于 10 Ω；③在土壤电阻率大于 1000Ω· m 的地区，当接地电阻值达到 10Ω 有困难时，工作接地电阻值可提高到 30Ω；④在 TN-S 接零保护系统中，保护零线每一处重复接地装置的接地电阻值不应大于 10Ω。在工作接地电阻值允许达到 10Ω 的电力系统中，所有重复接地的等效电阻值不应大于 10Ω；⑤每一接地装置的接地线应采用两根及以上导体，在不同点与接地体做电气连接；⑥不得采用铝导体作为接地体或地下接地线。垂直接地体宜采用角钢、钢管或光面圆钢，不得采用螺纹钢；⑦接地可利用自然接地体，但应保证其电气连接和热稳定；⑧移动式发电机供电的用电设备，其金属外壳或底座应与发电机电源的接地装置有可靠的电气连接；⑨在有静电的施工现场内，对集聚在机械设备上的静电应采取接地泄漏措施。每组专设的静电接地体的接地电阻值不应大于 100Ω，高土壤

电阻率地区不应大于 1000Ω。

5. 防雷安全技术

在土壤电阻率低于 200Ω·m 区域的电杆可不另设防雷接地装置，但在配电室的架空进线或出线处应将绝缘于铁脚与配电室的接地装置相连接。当最高机械设备上避雷针（接闪器）的保护范围能覆盖其他设备且又最后退出现场，则其他设备可不设防雷装置。机械设备或设施的防雷引下线可利用该设备或设施的金属结构体，但是应保证电气连接。机械设备上的避雷针（接闪器）长度应为 1 ~ 2m。塔式起重机可另设避雷针（接闪器)。安装避雷针（接闪器）的机械设备，所有固定的动力、控制、照明、信号及通信线路，应采用钢管敷设。钢管与该机械设备的金属结构体应做电气连接。施工现场内所有防雷装置的冲击接地电阻值不得大于 30Ω。做防雷接地机械上的电气设备，所连接的 PE 线必须同时做重复接地。同一台机械电气设备的重复接地和机械的防雷接地可共用同一接地体。但是接地电阻应符合重复接地电阻值的要求。

（三）外电防护安全技术

在施工现场周围往往存在一些高、低压电力线路，这些不属于施工现场的外界电力线路统称为外电线路。外电线路一般为 10 kV 以上或 220 V/380 V 的架空线路，个别现场也会遇到电缆线路。由于外电线路的位置已固定，因而其与施工现场的相对距离也难以改变，这就给施工现场作业安全带来了一个不利影响因素。如果施工现场距离外电线路较近，往往会因施工人员搬运物料、器具(尤其是金属料具)或操作不慎意外触及外电线路，从而发生直接接触触电伤害事故。因此，当施工现场临近外电线路作业时，为了防止外电线路对施工现场作业人员可能造成的危害，施工现场必须对其采取相应的防护措施，这种对外电线路可能引起触电伤害的防护称为外电线路防护，简称外电防护。

外电线路存在的安全隐患主要包括以下七个方面：①起重机和吊物边缘与架空线的最小水平距离小于安全距离，未搭设安全防护设施，未悬挂醒目的警告标示牌；②在高低压线路下施工、搭设作业棚、建造生活设施或堆放构件、架体和材料；③机动车道和架空线路交叉，垂直距离小于安全距离；④上方开挖非热管道与埋地电缆之间的距离小于 0.5m；⑤架设外电防护设施无电气工程技术人员和专职安全员负责监护；⑥外电架空线路附近开沟槽时无防止电杆倾倒措施；⑦在建工程和脚手架外侧边缘与外电架空线路的边线未达到安全距离并未采取防护措施，并未悬挂醒目的警告标示牌。

外电防护属于对直接接触触电的防护。直接接触防护的基本措施是：绝缘、屏护、安全距离、限制放电能量、采用 24 V 及以下安全特低电压。上述五项基本措施具有普遍适用的意义。但是外电防护这种特殊的防护对于施工现场，其防护措施主要应是做到绝缘、屏护、安全距离。概括来说，第一，保证安全操作距离；第二，架设安全防护设施；第三，无足够安全操作距离，且无可靠安全防护设施的施工现场暂停作业。

1. 保证安全操作距离

在建工程不得在外电架空线路正下方施工，搭设作业棚，建造生活设施或堆放构件、架具、材料及其他杂物等。

在建工程（含脚手架）的周边与外电架空线路的边线之间应保持的最小安全操作距离为：①距 1 kV 以下线路，不小于 4.0m；②距 1 ~ 10 kV 线路，不小于 6.0m；③距 35 ~ 110 kV 线路，不小于 8.0m；④距 220 kV 线路，不小于 10m；⑤距 330 ~ 500 kV 线路，不小于 15m。

应当注意，上、下脚手架的斜道不宜设在有外电线路的一侧。

施工现场的机动车道与外电架空线路交叉时，架空线路的最低点与路面之间应保持的最小距离为：①距 1 kV 以下线路，不小于 6.0m；②距 1 ~ 10 kV 线路，不小于 7.0m；③距 35 kV 线路，不小于 7.0m。

施工现场开挖沟槽时，如临近地下存在外电埋地电缆，则开挖沟槽与电缆沟槽之间应保持不小于 0.5m 的距离。如果上述安全操作距离不能保证，则必须在在建工程与外电线路之间架设安全防护。

2. 架设安全防护设施

外电线路防护，可通过采用木、竹或其他绝缘材料增设屏障、遮栏、围栏、保护网等防护设施与外电线路实现强制性绝缘隔离。防护设施应坚固稳定，能防止直径为 2.5mm 以上的固体异物穿越，并应在防护隔离处悬挂醒目的警告标志牌。架设安全防护设施须与有关部门沟通，由专业人员架设，架设时应有监护人和保安措施。

3. 无足够安全操作距离，且无可靠安全防护设施时的处置

当施工现场与外电线路之间既无足够的安全操作距离，又无可靠的安全防护设施时，必须首先暂停作业，继而采取相关外电线路暂时停电、改线或改变工程位置等措施。在未采取任何安全措施的情况下严禁强行施工。

第二节　施工现场消防安全管理

一、建筑防火

（一）一般规定

①临时用房和在建工程应采取可靠的防火分隔和安全疏散等防火技术措施。②临时用房的防火设计应根据其使用性质及火灾危险性等情况进行确定。③在建工程防火设计应根据施工性质、建筑高度、建筑规模及结构特点等情况进行确定。

（二）临时用房防火

办公用房、宿舍的防火设计应符合下列规定：①建筑构件的燃烧性能应为A级。当采用金属夹芯板材时，其芯材的燃烧性能等级应为A级。②层数不应超过3层，每层建筑面积不应大于300m^2。③层数为三层或每层建筑面积大于200m^{2}时，应至少设置两部疏散楼梯，房间疏散门至疏散楼梯的最大距离不应大于25m。④单面布置用房时，疏散走道的净宽度不应小于1m；双面布置用房时，疏散走道的净宽度不应小于1.5m。⑤疏散楼梯的净宽度不应小于疏散走道的净宽度。⑥宿舍房间的建筑面积不应大于30m^2，其他房间的建筑面积不宜大于100m^2。⑦房间内任一点至最近散门的距离不应大于15m，房门的净宽度不应大于0.8m；房间超过50m^{2}时，房门净宽度不应小于1.2m。⑧隔墙应从楼地面基层隔断至顶板基层底面。

发电机房、变配电房、厨房操作间、锅炉房、可燃材料库房和易燃、易爆危险品库房的防火设计应符合下列规定：①建筑构件的燃烧性能等级应为A级；②层数应为1层，建筑面积不应大于200m^2。③可燃材料库房单个房间的建筑面积不应超过30m^2，易燃、易爆危险品库房单个房间的建筑面积不应超过20m^2。④房间内任一点至最近散门的距离不应大于10m，房门的净宽度不应大于0.8m。

其他防火设计应符合下列规定：①宿舍、办公用房不应与厨房操作间、锅炉房、变配电房等组合建造。②会议室、娱乐室等人员密集房间应设置在临时用房的一层，其疏散门应向疏散方向开启。

（三）在建工程防火

在建工程作业场所的临时疏散通道应采用不燃或难燃材料建造，并应与在建工程结构施工同步设置，也可利用在建工程施工完毕的水平结构、楼梯。

在建工程内临时疏散通道的设置应符合下列规定：①疏散通道的耐火极限不应低于0.5 h。②设置在地面上的临时疏散通道，其净宽度不应小于1.5m；利用在建工程施工完毕的水平结构、楼梯做临时疏散通道时，其净宽度不宜小于1.0m；用于疏散的爬梯及设置在脚手架上的临时疏散通道，其净宽度不应小于0.6m。③临时疏散通道为坡道，且坡度大于25° 时，应修建楼梯或台阶踏步或设置防滑条。④ 临时疏散通道不宜采用爬梯，确须采用时，应采取可靠固定措施。⑤疏散通道的侧面如为临空面，应沿临空面设置高度不小于1.2m的防护栏杆。⑥临时疏散通道搭设在脚手架上时，脚手架应采用不燃材料搭设。⑦临时疏散通道应设置明显的疏散指示标志。⑧临时疏散通道应设置照明设施。

既有建筑进行扩建、改建施工时，必须明确划分施工区和非施工区。施工区不得营业、使用和居住；非施工区继续营业、使用和居住时，应符合下列规定：①施工区和非施工区之间应采用不开设门、窗、洞口的耐火极限不低于3 h的不燃烧体隔墙进行防火风隔；②非施工区内的消防设施应完好和有效，疏散通道应保持畅通，并应落实日常值班及消防安全管理制度；③施工区的消防安全应配有专人值守，发生火情应能立即处置；④ 施工单位应向居住和使用者进行消防宣传教育，告知建筑消防设施、疏散通道位置及使用方法，同时应组织疏散演练；⑤外脚手架搭设不应影响安全疏散、消防车正常通行及灭火救援操作，外脚手架搭设长度不应超过该建筑物外立面周长的1/2。

外脚手架、支模架等的架体宜采用不燃或难燃材料搭设，下列工程的外脚手架、支模架的架体，应采用不燃材料搭设：①高层建筑；②既有建筑的改造工程。

下列安全防护网应采用阻燃型安全防护网：①高层建筑外脚手架的安全防护网；②建筑外墙改造时，其外脚手架的安全防护网；③临时疏散通道的安全防护网。

作业场所应设置明显的疏散指示标志，其指示方向应指向最近的疏散通道入口。作业层的醒目位置应设置安全疏散示意图。

二、临时消防设施

（一）一般规定

①施工现场应设置灭火器、临时消防给水系统和临时消防应急照明等临时消防设施。②临时消防设施的设置应与在建工程的施工保持同步。对于房屋建筑工程，临时消防设施的设置与在建工程主体结构施工进度的差距不应超过三层。③在建工程可利用已具备使用条件的永久性消防设施作为临时消防设施。当永久性消防设施无法满足使用要求时，应增设临时消防设施，并应符合相关规范的规定。④施工现场的消火栓泵应采用专用消防配电线路。专用配电线路应自施工现场总配电箱的总断路器上端接入，并应保持连续不间断供电。⑤地下工程的施工作业场所宜配备防毒面具。⑥临时消防给水系统的贮水池、消火栓

泵、室内消防竖管及水泵接合器等应设置醒目标志。

（二）灭火器

在建工程及临时用房的下列场所应配置灭火器：①易燃易爆危险品存放及使用场所；②动火作业场所；③可燃材料存放、加工及使用场所；④厨房操作间、锅炉房、发电机房、变配电房、设备用房、办公用房、宿舍等临时用房；⑤其他具有火灾危险的场所。

（三）临时消防给水系统

①施工现场或其附近应设有稳定、可靠的水源，并应能满足施工现场临时消防用水的需要。消防水源可采用市政给水管网或天然水源，采用天然水源时，应有可靠措施确保冰冻季节、枯水期最低水位时顺利取水，并满足消防用水量的要求。②临时消防用水量应为临时室外消防用水量与临时室内消防用水量之和。③临时室外消防用水量应按临时用房和在建工程临时室外消防用水量的较大者确定，施工现场火灾次数可按同时发生一次考虑。④临时用房建筑面积之和大于 1 000m^2 或在建工程（单体）体积大于 10 000m^2 时，应设置临时室外消防给水系统。当施工现场处于市政消火栓的 150m 保护范围内，且市政消火栓的数量满足室外消防用水量要求时，可不设置临时室外消防给水系统。⑤施工现场的临时室外消防给水系统的设置应符合下列要求：a. 给水管网宜布置成环状；b. 临时室外消防给水主干管的管径，应根据施工现场临时消防用水量和干管内水流计算速度计算确定，且不应小于DN100；c.室外消火栓沿在建工程、临时用房、可燃材料堆场及其加工场均匀布置，与在建工程、临时用房和可燃材料堆场及其加工场的外边线距离不应小于 5.0m；d. 消火栓的间距不应大于 120m；e. 消火栓的最大保护半径不应大于 150m。⑥建筑高度大于 24m 或体积超过 30 000m^3（单体）的在建工程，应设置临时室内消防给水系统。⑦在建工程临时室内消防竖管的设置应符合下列规定：a. 消防竖管的设置位置应便于消防人员操作，其数量不应少于两根，当结构封顶时，应将消防竖管设置成环状；b. 消防竖管的管径应根据室内消防用水量、竖管给水压力或流速进行计算确定，且管径不应小于 DN100。⑧设置室内消防给水系统的在建工程，应设置消防水泵接合器。消防水泵接合器应设置在室外便于消防车取水的部位，与室外消火栓或消防水池取水口的距离宜为 15 ～ 40m。⑨设置临时室内消防给水系统的在建工程，各结构层均应设置室内消火栓接口及消防软管接口，并应符合下列要求：a. 消火栓接口及软管接口应设置在位置明显且易于操作的部位；b. 在消火栓接口的前端设置截止阀；c. 消火栓接口或软管接口的间距，多层建筑不应大于 50m；高层建筑不应大于 30m。⑩在建工程结构施工完毕的每层楼梯处应设置消防水枪、水带及软管，且每个设置点不应少于两套。⑪建筑高度超过 100m 的在建工程，应在适当楼层增设临时中转水池及加压水泵。中转水池的有效容积不应小于 10m^3，上下两个中转水池的高差不应超过 100m。⑫临时消防给水系统的给水压力应满足消防水枪充实水柱长度不小

于10m的要求；给水压力不能满足现场消防给水系统的给水压力要求时，应设置加压水泵。加压水泵应按照一用一备的要求进行配置，消火栓泵宜设置自动启动装置。⑬当外部消防水源不能满足施工现场的临时消防用水量要求时，应在施工现场设置临时贮水池。临时贮水池宜设置在便于消防车取水的部位，其有效容积不应小于施工现场火灾延续时间内一次灭火的全部消防用水量。⑭施工现场临时消防给水系统可与施工现场生产、生活给水系统合并设置，但应设置将生产、生活用水转为消防用水的应急阀门。应急阀门不应超过两个，阀门应设置在易于操作的场所，并应有明显标志。⑮寒冷和严寒地区的现场临时消防给水系统应有防冻措施。

（四）应急照明

①施工现场的下列场所应配备临时应急照明：a.自备发电机房及变、配电房；b.水泵房；c.无天然采光的作业场所及疏散通道；d.高度超过100m的在建工程的室内疏散通道；e.发生火灾时仍须坚持工作的其他场所。②作业场所应急照明的照度值不应低于正常工作所需照度值的90%，疏散通道的照度值不应小于0.5 lx。③临时消防应急照明灯具宜选用自备电源的应急照明灯具，自备电源的连续供电时间不应小于60min。

三、防火管理

（一）一般规定

①施工现场的消防安全由施工单位负责。实行施工总承包的，应由总承包单位负责。分包单位向总承包单位负责，并应服从总承包单位的管理，同时，应承担国家法律、法规规定的消防责任和义务。②监理单位应对施工现场的消防安全实施监理。③施工单位应根据建设项目规模、现场防火管理的重点，在施工现场建立消防安全管理组织机构及义务消防组织，并应确定消防安全负责人及消防安全管理人员，同时应落实消防安全管理责任。④施工单位应针对施工现场可能导致火灾发生的施工作业及其他活动，制定消防安全管理制度。消防安全管理制度主要包括以下内容：a.消防安全教育与培训制度；b.可燃及易燃易爆危险品管理制度；c.用火、用电、用气管理制度；d.消防安全检查制度；e.应急预案演练制度。⑤施工单位应编制施工现场防火技术方案，并根据现场情况变化及时对其修改、完善。防火技术方案应包括以下主要内容：a.施工现场重大火灾危险源辨识；b.施工现场防火技术措施；c.临时消防设施、疏散设施的配备；d.临时消防设施和消防警示标志布置图。⑥施工单位应编制施工现场灭火及应急疏散预案。灭火及应急疏散预案应包括下列主要内容：a.应急灭火处置机构及各级人员应急处置职责；b.报警、接警处置的程序和通信联络的方式；c.扑救初起火灾的程序和措施；d.应急疏散及救援的程序和措施。

⑦施工人员进场时，施工现场的消防安全管理人员应向施工人员进行消防安全教育和培训。消防安全教育和培训应包括下列内容：a.施工现场消防安全管理制度、防火技术方案、灭火及应急疏散预案；b.施工现场临时消防设施的性能及使用、维护方法；c.扑灭初起火灾及自救逃生的知识和技能；d.报警、接警的程序和方法。⑧施工作业前，施工现场的施工管理人员应向作业人员进行防火安全技术交底。防火安全技术交底应包括以下主要内容：a.施工过程中可能发生火灾的部位或环节；b.施工过程应采取的防火措施及应配备的临时消防设施；c.初起火灾的扑灭方法及注意事项；d.逃生方法及路线。⑨在施工过程中，施工现场消防安全负责人应定期组织消防安全管理人员对施工现场的消防安全进行检查。消防安全检查应包括下列主要内容：a.可燃物，易燃、易爆危险品的管理是否落实；b.动火作业的防火措施是否落实；c.用火、用电、用气是否存在违章操作，电气焊及保温防水施工是否执行操作规程；d.临时消防设施是否完好有效；e.临时消防车道及临时疏散是否畅通。⑩施工单位应根据消防安全应急预案，定期开展灭火和应急疏散的演练。⑪施工单位应做好并保存施工现场防火安全管理的相关文件和记录，建立现场防火安全管理档案。

（二）可燃物及易燃易爆危险品管理

①用于在建工程的保温、防水、装饰及防腐等材料的燃烧性等级应符合要求。②可燃材料及易燃、易爆危险品应按计划限量进场。进场后，可燃材料宜存放于库房内，露天存放时，应分类成垛堆放，垛高不应超过2m，单垛体积不应超过50m^3，垛与垛之间的最小间距不应小于2m，且应采用不燃或难燃材料覆盖；易燃、易爆危险品应分类专库储存，库房内应通风良好，并应设置严禁明火标志。③室内使用油漆及其有机溶剂、乙二胺、冷底子油等易挥发产生易燃气体的物资作业时，应保持室内良好通风，作业场所严禁明火，并应避免产生静电。④施工产生的可燃、易燃建筑垃圾应及时处理。

（三）用火、用电、用气管理

1.施工现场用火，应符合下列规定

①动火作业应办理动火许可证，动火许可证的签发人收到动火申请后，应前往现场查验并确认动火作业的防火措施落实后，再签发动火许可证。②动火操作人员应具有相应资格。③焊接、切割、烘烤或加热等动火作业前，应对作业现场的可燃物进行清理；作业现场及其附近无法移走的可燃物应采用不燃材料覆盖或隔离。④施工作业安排时，宜将动火作业安排在使用可燃建筑材料施工作业之前进行。确须在可燃建筑材料施工作业之后进行动火作业的，应采取可靠的防火保护措施。⑤裸露的可燃材料上严禁直接进行动火作业。⑥焊接、切割、烘烤或加热等动火作业应配备灭火器材，并应设置动火监护人进行现场监护，每个动火作业点均应设置一个监护人。⑦五级（含五级）以上风力时，应停止焊接、

切割等室外动火作业，确须动火作业时，应采取可靠的挡风措施。⑧动火作业后，应对现场进行检查，并应在确认无火灾危险后，动火操作人员再离开。⑨具有火灾、爆炸危险的场所严禁明火。⑩施工现场不应采用明火取暖。⑪厨房操作间炉灶使用完毕后，应将炉火熄灭，排油烟机及油烟管道应定期清理油垢。

2. 施工现场用电，应符合下列规定

①电气线路应具有相应的绝缘强度和机械强度，禁止使用绝缘老化或失去绝缘性能的电气线路，严禁在电气线路上悬挂物品。破损、烧焦的插座、插头应及时更换。②电气设备与可燃、易燃、易爆和腐蚀性物品应保持一定的安全距离。③有爆炸和火灾危险的场所，按危险场所等级选用相应的电气设备。④配电盘上每个回路应设置漏电保护器、过载保护器。距配电盘 2m 范围内不得堆放可燃物，5m 范围内不应设置可能产生较多易燃、易爆气体、粉尘的作业区。⑤可燃库房不应使用高热灯具，易燃、易爆危险品库房内应使用防爆灯具。⑥普通灯具与易燃物距离不宜小于 300mm；聚光灯、碘钨灯等高热灯具与易燃物距离不宜小于 500mm。⑦电气设备不应超负荷运行或带故障使用。⑧严禁私自改装现场供用电设施。⑨应定期对电气设备的运行及维护情况进行检查。

3. 施工现场用气，应符合下列规定

①储装气体罐瓶及其附件应合格、完好和有效：严禁使用减压器及其他附件缺损的氧气瓶，严禁使用乙炔专用减压器、回火防止器及其他附件缺损的乙炔瓶。②气瓶运输、存放、使用时，应符合下列规定：a. 气瓶应保持直立状态，并采取防倾倒措施，乙炔瓶严禁横躺卧放；b. 严禁碰撞、敲打、抛掷、溜坡或滚动气瓶；c. 气瓶应远离火源，与火源的距离不应小于 10m，并应采取避免高温和防止暴晒的措施；d. 燃气储罐应设置防静电装置。③气瓶应分类储存，库房内应通风良好；空瓶和实瓶同库存放时，应分开放置，两者间距不应小于 1.5m。④气瓶使用时应符合下列规定：①瓶装气体使用前，应检查气瓶及气瓶附件的完好性，检查连接气路的气密性，并采取避免气体泄漏的措施，严禁使用已老化的橡皮气管；②氧气瓶与乙炔瓶的工作间距不应小于 5m，气瓶与明火作业点的距离不应小于 10m；③冬季使用气瓶，气瓶的瓶阀、减压阀等发生冻结时，严禁用火烘烤或用铁器敲击瓶阀，严禁猛拧减压器的调节螺钉；④氧气瓶内剩余气体的压力不应少于 0.1MPa；⑤气瓶用后应及时归库。

（四）其他防火管理

①施工现场的重点防火部位或区域，应设置防火警示标志。(②施工单位应做好施工现场临时消防设施的日常维护工作，对已失效、损坏或丢失的消防设施，应及时更换、修复或补充。(③临时消防车道、临时疏散通道、安全出口应保持畅通，不得遮挡、挪动疏

散指示标志，不得挪用消防设施。(④施工期间，不应拆除临时消防设施及疏散设施。(⑤施工现场严禁吸烟。

第三节　职业卫生工程安全管理

一、建筑施工过程中造成职业病的危害因素

由生产性有害因素引起的疾病，统称为职业病。与建筑行业有关的职业病，主要有尘肺病、职业中毒、物理因素职业病、职业性皮肤病、职业性眼病、职业性耳鼻喉疾病、职业性肿瘤等。造成这些建筑职业病的危害因素，大致有以下几类：

（一）生产性粉尘

建筑行业在施工过程中会产生多种粉尘，主要包括矽（游离二氧化硅原称矽）尘、水泥尘、电焊尘、石棉尘以及其他粉尘等。如果工人在含粉尘浓度高的场所作业，吸入肺部的粉尘量就多，当粉尘达到一定数量时，就会引起肺组织发生纤维化病变，使肺组织逐渐硬化，失去正常的呼吸功能，称为尘肺病。

产生这些粉尘的作业主要有以下几项：

1. 矽尘

挖土机、推土机、刮土机、铺路机、压路机、打桩机、钻孔机、凿岩机、碎石机设备作业；挖方工程、土方工程、地下工程、竖井工程和隧道掘进作业；爆破作业；除锈作业；旧建筑的拆除和翻修作业。

2. 水泥尘

水泥运输、储存和使用。

3. 电焊尘

电焊作业。

4. 石棉尘

保温工程、防腐工程、绝缘工程作业；旧建筑的拆除和翻修作业。

5. 其他粉尘

木材料加工产生木尘；钢筋、铝合金切割产生金属尘；炸药运输、储存和使用产生三硝基甲苯粉尘；装饰作业使用腻子粉产生混合粉尘；使用石棉代用品产生人造玻璃纤维、岩棉、渣棉粉尘。长期吸入这样的粉尘可发生硅肺病。

（二）有毒物品

许多建筑施工活动可产生多种化学毒物，主要有以下几项：①爆破作业产生氮氧化物、一氧化碳等有毒气体；②油漆、防腐作业产生苯、甲苯、二甲苯、游离甲苯二异氰酸酯以及铅、汞等金属毒物，防腐作业产生沥青烟气；③涂料作业产生甲醛、苯、甲苯、二甲苯、游离甲苯二异氰酸酯以及铅、汞等金属毒物；④建筑物防水工程作业产生沥青烟、煤焦油、甲苯、二甲苯等有机溶剂，以及石棉、阴离子再生乳胶、聚氨酯、丙烯酸树脂、聚氯乙烯、环氧树脂、聚苯乙烯等化学品；⑤电焊作业产生锰、镁、铁等金属化合物、氮氧化物、一氧化碳、臭氧等。

这些毒物主要经过呼吸道或皮肤进入人体。

（三）弧光辐射

弧光辐射的危害对建筑施工来说主要是紫外线的危害。适量的紫外线对人的身体健康是有益的，但长时间受焊接电弧产生的强烈紫外线照射对人的健康是有一定危害的。手工电弧焊、氩弧焊、二氧化碳气体保护焊和等离子弧焊等作业，都会产生紫外线辐射。其中，二氧化碳气体保护焊弧光强度是手工电弧焊的 2 ~ 3 倍。紫外线对人体的伤害是由于光化学作用，主要造成对皮肤和眼睛的伤害。

（四）放射线

建筑施工中常用放射线进行工业探伤、焊缝质量检查等。放射线的伤害，主要是可使接受者出现造血障碍、白细胞减少、代谢机能失调、内分泌障碍、再生能力消失、内脏器官变形、胎儿畸形等。

（五）噪声

施工及构件在加工过程中，存在着多种无规律的音调和使人听之生厌的杂乱声音。

1. 机械性噪声

即由机械的撞击、摩擦、敲打、切削、转动等而发生的噪声。如风钻、风铲、混凝土搅拌机、混凝土振动器，木材加工的带锯、圆锯、平刨等发生的噪声。

2. 空气动力性噪声

如通风机、鼓风机、空气压缩机、空气锤打桩机、电锤打桩机等发出的噪声。

3. 电磁性噪声

如发电机、变压器等发出的噪声。

4. 爆炸性噪声

如爆破作业过程中发出的噪声。

以上噪声不仅损害人的听觉系统，造成职业性耳聋、爆炸性耳聋，严重者可致鼓膜出血，而且可能造成神经系统及植物神经功能紊乱、胃肠功能紊乱等。

（六）振动

建筑行业产生振动危害的作业主要有风钻、风铲、铆枪、混凝土振动器、锻锤打桩机、汽车、推土机、铲运机、挖掘机、打夯机、拖拉机、小翻斗车等。

振动危害可分为局部症状和全身症状。局部症状主要是手指麻木、胀痛、无力、双手震颤，手腕关节骨质变形，指端坏死等；全身症状主要是脚部周围神经和血管的改变，肌肉触痛，以及头晕、头痛、腹痛、呕吐、平衡失调与内分泌障碍等。

（七）高温作业

在建筑施工中露天作业，常可遇到气温高、湿度大、强热辐射等不良气象条件。如果施工环境气温超过 35℃或热辐射强度超过 6.3 J/（$cm^2 \cdot min$），或气温在 30℃以上、相对湿度超过 80% 的作业，称为高温作业。

高温作业可造成人体体温和皮肤温度升高、水盐代谢改变、循环系统改变、消化系统改变、神经系统改变以及泌尿系统改变。

二、职业卫生工程安全技术措施

（一）防尘技术措施

1. 水泥除尘措施

（1）搅拌机除尘

在建筑施工现场，搅拌机流动性比较大，因此，除尘设备必须考虑其特点，既要达到除尘目的，又要做到装、拆方便。

搅拌机上有两个粉尘源：一是向料斗上加料时飞起的粉尘；二是料斗向拌筒中倒料时，从进料口、出料口飞起的粉尘。

搅拌机除尘的措施是采用通风除尘系统，即在搅拌筒出料口安装活动胶皮护罩，挡住粉尘外扬；在拌筒上方安装吸尘罩，将拌筒进料口飞起的粉尘吸走；在地面料斗侧向安装吸尘罩，将加料时扬起的粉尘吸走，通过风机将空气粉尘送入旋风滤尘器，再通过滤尘器内水浴将粉尘降落，流入沉淀池。

（2）搅拌站除尘

水泥制品厂搅拌站多采用混凝土搅拌自动化。由计算机控制混凝土搅拌、输送全系统，这不仅提高了生产效率，减轻了工人劳动强度，同时在进料仓上方安装水泥、沙料粉尘除尘器，就可使料斗作业点粉尘降为零，从而达到彻底改善职工劳动条件的目的。

2. 木屑除尘措施

可在每台加工机械尘源上方或侧向安装吸尘罩，通过风机作用，将粉尘吸入输送管道，再送到蓄料仓内。

3. 金属除尘措施

钢、铝门窗的抛光（砂轮打磨）作业中，一般是采用局部通风除尘系统，或在打磨台工人操作的侧方安装吸尘罩，通过支道管、主道管，将含金属粉尘的空气输送到室外。

（二）防中毒技术措施

1. 在职业中毒的预防上，管理和生产部门应采取以下四个方面的措施

①加强管理，搞好防毒工作。②严格执行劳动保护法规和卫生标准。③对新建、改建、扩建的工程，一定要做到主体工程和防毒设施同时设计、施工及投产使用。④依靠科学技术，提高预防中毒的技术水平。包括：改革工艺；禁止使用危害严重的化工产品；加强设备的密闭化；加强通风。

2. 对生产工人应采取下面的预防职业中毒的措施

①认真执行操作规程，熟练掌握操作方法，严防错误操作；②穿戴好个人防护用品。

3. 防止铅中毒的技术措施

防止铅中毒要积极采取措施，改善劳动条件，降低生产环境空气中铅烟浓度，达到国家规定标准（$0.03mg/m^3$）。铅尘浓度在 $0.05mg/m^3$ 以下，就可以防止铅中毒。具体措施如下：①清除或减少铅毒发生源；②改进工艺，使生产过程机械化、密闭化，减少与铅烟或铅尘接触的机会；③加强个人防护及个人卫生。

4. 防止锰中毒的技术措施

预防锰中毒，最主要的是应在那些通风不良的电焊作业场所采取措施，使空气中锰烟浓度降低到 0.2mg/m^3 以下。

预防锰中毒主要应采取下列具体防护措施：1）加强机械通风，或安装锰烟抽风装置，以降低现场锰浓度；2）尽量采用低尘低毒焊条或无锰焊条，用自动焊代替手工焊等；3）工作时戴手套、口罩，饭前洗手漱口，下班后全身淋浴，不在车间内吸烟、喝水、进食。

5. 预防苯中毒的技术措施

建筑企业使用油漆、喷漆的工人较多，施工前应采取综合性预防措施，使苯在空气中的浓度下降到国家卫生标准的标准值（苯为 40mg/m^3，甲苯、二甲苯为 100mg/m^3）以下。主要应采取以下措施：①用无毒或低毒物代替苯；②在喷漆上采用新的工艺；③采用密闭的操作和局部抽风排毒设备；④在进入密闭的场所，如地下室等环境工作时，应戴防毒面具；⑤在通风不良的地下室、防水池内涂刷各种防腐涂料、环氧树脂或玻璃钢等作业时，必须根据场地大小，采取多台抽风机把苯等有害气体抽出室外，以防止急性苯中毒；⑥施工现场油漆配料房，应改善自然通风条件，减少连续配料时间，防止发生苯中毒和铅中毒；⑦在较小的喷漆室内进行小件喷漆，可以采取水幕隔离的防护措施，即工人在水幕外面操纵喷枪，喷嘴在水幕内喷漆。

（三）弧光辐射、红外线、紫外线的防护措施

生产中的红外线和紫外线主要来源于火焰和加热的物体，如气焊和气割等。①为了保护眼睛不受电弧的伤害，焊接时必须使用镶有特制防护眼镜片的面罩。可根据焊接电流强度和个人眼睛情况，选择吸水式滤光镜片或是反射式防护镜片。②为防止弧光灼伤皮肤，焊工必须穿好工作服、戴好手套和鞋帽。

（四）防止噪声危害的技术措施

各建筑、安装企业应重视噪声的治理，主要应从四个方面着手，即消除和减弱生产中噪声源、控制噪声的传播和加强个人防护。

1. 消除和减弱噪声

从改革工艺入手，以无声的工具代替有声的工具。

2. 控制噪声的传播

①合理布局；②从消声方面采取措施，如消声、吸声、隔声、隔振、阻尼。

3. 做好个人防护

及时戴耳塞、耳罩、头盔等防噪声用品

4. 定期进行预防性体检。

（五）防止振动危害的技术措施

①隔振，就是在振源与需要防振的设备之间，安装具有弹性性能的隔振装置，使振源产生的大部分振动被隔振装置所吸收。②改革生产工艺，是防止振动危害的根本措施。③有些手持振动工具的手柄包扎泡沫塑料等隔振垫，工人操作时戴好专用的防振手套，也可减少振动的危害。

（六）防暑降温措施

①为了补偿高温作业工人因大量出汗而损失的水分和盐分，最好的办法是供给含盐饮料。②对高温作业工人应进行体格检查，凡有心血管器质性疾病者不宜从事高温作业。③炎热季节医务人员要到现场巡查，发现中暑，要立即抢救。

第七章　建筑施工安全主要防护用品

第一节　安全网

一、安全网的构造与分类

（一）安全网的构造

安全网一般由网体、边绳、系绳、筋绳等组成，用来防止人、物坠落，或用来避免、减轻坠落及物击伤害的网具。

网体是由单丝、线、绳等经编织或采用其他成网工艺制成的，构成安全网主体的网状物；边绳是沿网体边缘与网体连接的绳；系绳是把安全网固定在支撑物上的绳；筋绳是为增加安全网强度而有规则地穿在网体上的绳。

（二）安全网的分类

安全网按功能分为安全平网、安全立网和密目式安全立网三类。安装平网不垂直于水平面，用来防止人、物坠落，或用来避免、减轻坠落及物击伤害的安全网，简称安全平网。安装平面垂直于水平面，用来防止人、物坠落，或用来避免、减轻坠落及物击伤害的安全网，简称立网。网眼孔径不大于 12mm，垂直于水平面安装，用于阻挡人员、视线、自然风、飞溅及失控小物体的网，简称密目网。

平（立）网的分类标记由产品材料、产品分类及产品规格尺寸三部分组成：产品分类以字母 P 代表平网、字母 L 代表立网；产品规格尺寸以宽度 × 长度表示，单位为 m；阻燃型网应在分类标记后加注“阻燃”字样。

密目网的分类标记由产品分类、产品规格尺寸和产品级别三部分组成：产品分类以字母 ML 代表密目网；产品规格尺寸以宽度 × 长度表示，单位为 m；产品级别分为 A 级和 B 级。

二、安全平（立）网的技术要求

（一）安全平（立）网

①平（立）网可采用锦纶、维纶、涤纶或其他材料制成，其物理性能、耐候性应符合《安全网》的有关规定。②每张平（立）网质量不宜超过 15kg。③平网宽度不应小于 3m，立网宽（高）度不应小于 1.2m。平（立）网的规格尺寸与其标称规格尺寸的允许偏差为 ±4%。④平（立）网的网目形状应为菱形或方形，其网目边长不应大于 8cm。⑤平（立）网的绳断裂强力应符合表 7-1 的规定。⑥续燃、阴燃时间均不应大于 4s。

表 7-1　平（立）网绳断裂强力要求

网类别	绳类别	绳断裂强力要求（kN）
平网	边绳	≥ 7
	网绳	≥ 3
	筋绳	≤ 3
立网	边绳	≥ 3
	网绳	≥ 2
	筋绳	≤ 3

（二）密目式安全立网

①密目网的宽度应介于 1.2 ~ 2m。长度由合同双方协议条款指定，但最低不应小于 2m。②网目、网宽度的允许偏差为 ±5%。③在室内环境中，使用截面直径为 12mm 的圆柱试穿任意一个孔洞，应不得穿过。即网眼孔径不应大于 12mm。④纵横方向的续燃、阴燃时间均不应大于 4s。

三、安全网的耐冲击性能测试

（一）原理

利用专用的试验装置，使测试球从规定的高度自由落入测试网，根据其破坏程度来判断安全网的耐冲击性能。

（二）试验设备

1. 测试重物

①表面光滑，直径为 500 ± 10mm，质量为 100 ± 1kg 的钢球；②底面直径为 550 ± 10mm，高度不超过 900mm，质量为 120 ± 1kg 的圆柱形沙包；③出厂检验可选上述任一种测试重物；④型式检验、仲裁检验应使用钢球。

2. 测试吊架

能将测试重物提升，并在规定的位置释放使之自由下落的测试吊架一个。

3. 安全网测试框架

长 6m、宽 3m、距地面高度为 3m，采用管径不小于 50mm，壁厚不小于 3mm 的钢管牢固焊接而成的刚性框架。

（三）测试样品

规格尺寸为 3m × 6m 的平网或立网，或可以销售、使用或在用的完整密目网。

（四）测试方法

安全网的耐冲击性能测试如图 7-1 所示。

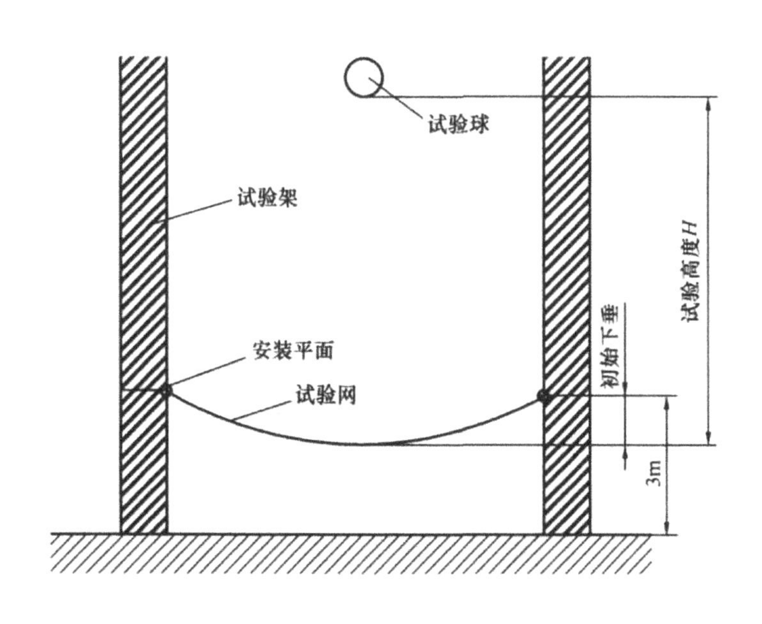

图 7-1　平（立）网的耐冲击性能测试

试验高度 H：平网为 7m，立网为 2m，A 级密目网为 1.8m，B 级密目网为 1.2m。冲击点应为样品的几何中心位置。

测试步骤：①将测试样品牢固系在测试框架上；②提升测试吊架，将测试物提升到规定高度，使其底面与样品网安装平面间的距离再加上样品网的初始下垂等于试验高度 H，然后释放测试重物使之自由落下；③观察样品情况。

四、标志

（一）平（立）网

平（立）网的标志由永久标志和产品说明书组成。

1. 平（立）网的永久标志

①执行的国家标准号；②产品合格证；③产品名称及分类标记；④制造商名称、地址；⑤生产日期等。

2. 平（立）网的产品说明书

批量供货，应在最小包装内提供产品说明，应包括但不限于下述内容：①安装、使用及拆除的注意事项；②储存、维护及检查；③使用期限；④在何种情况下应停止使用。

（二）密目网

密目网的标志由永久标志和产品说明书组成。

1. 密目网的永久标志

①执行的国家标准号；②产品合格证；③产品名称及分类标记；④制造商名称、地址；⑤生产日期等。

2. 密目网的产品说明书

批量供货，应在最小包装内提供产品说明，应包括但不限于下述内容：①密目网的适用和不适用场所；②使用期限；③整体报废条件或要求；④整洁、维护、储存的方法；⑤拴挂方法；⑥日常检查方法和部位；⑦使用注意事项；⑧警示“不得作为平网使用”；⑨警示“B 级产品必须配合立网或护栏使用才能起到坠落防护作用”；⑩合格品的声明。

五、安全网的支搭方法

建筑工程施工根据作业环境和作业高度，水平安全网分为首层网、层面网和随层网三种，各种水平网的支搭方法如下：

1. 首层网的支搭

首层水平网是施工时，在房屋外围地面以上的第一安全网，其主要作用是防止人、物坠落，支搭必须坚固可靠。凡高度在 4m 以上的建筑物，首层四周必须支搭固定 3m 宽的水平安全网，支搭方法如图 7-2（a）所示。此网可以与外脚手架连接在一起，固定平网的挑架应与外脚手架连接牢固，斜杆应埋入土中 50cm，平网应外高里低，一般以 15° 为宜，网不宜绷挂，应用钢丝绳与挑架绷挂牢固。高度超过 20m 的建筑应支搭宽度为 6m 的水平网，高层建筑外无脚手架时，水平网可以直接在结构外墙搭网架，网架的立杆和斜杆必须埋入土中 50cm 或下垫 5cm 厚的木垫板，如图 7-2（b）所示，立杆斜杆的纵向间距不大于 2m，挑网架端用钢丝绳直径不小于 12.5mm，将网绷挂。首层网无论采用何种形式都必须做到：①坚固可靠，受力后不变形；②网底和网周围空间不准有脚手架，以免人坠落时碰到钢管；③水平网下面不准堆放建筑材料，保持足够的空间；④网的接口处必须连接严密，与建筑物之间的缝隙不大于 10cm。

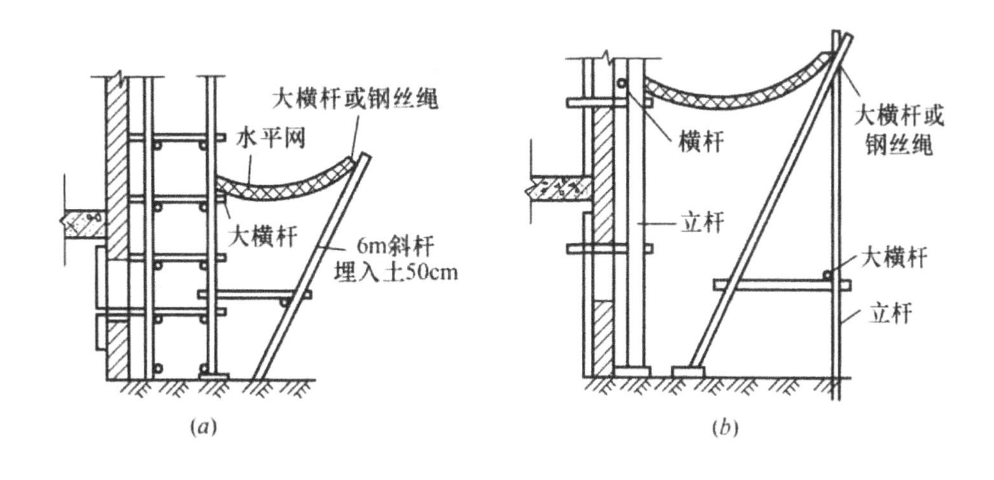

图 7-2 首层水平网支搭示意图

（a）3m 宽水平网；（b）6m 宽水平网

2. 安装平网

除按上述要求外，还要遵守支搭安全网的要求：负载高度、网的宽度、缓冲距离等有关规定。网的负载高度一般不超过 6m；因为施工需要，允许超过 6m，但最大不超过

10m，并必须附加钢丝绳缓冲安全措施。

六、安全网的一般使用规则

（一）安装时注意事项

①新网必须有产品质量检验合格证，旧网必须有允许使用的证明书或合格的检验记录。安装时，支架系结，四周边绳（边缘）应与支架贴紧，系结应符合打结方便、连接牢固又容易解开、工作中受力后不会散脱的原则。有筋绳的安全网安装时还应把筋绳连接在支架上。②平网网面不宜绷得过紧，当网面与作业面高度差大于 5m 时，其伸出长度应大于 4m，当网面与作业面高度差小于 5m 时，其伸出长度应大于 3m，平网与下方物体表面的最小距离应不小于 3m。两层平网间距离不得超过 10m。③立网网面应与水平面垂直，并与作业面边缘最大间隙不超过 10cm。④安装后的安全网应经专人检验后方可使用。

（二）使用

使用时，应避免发生下列现象：①随便拆除安全网的构件；②人跳进或把物品投入安全网内；③大量焊接或其他火星落入安全网内；④在安全网内或下方堆积物品；⑤安全网周围有严重腐蚀性烟雾。

对使用中的安全网，应进行定期或不定期的检查，并及时清理网上落物污染，当受到较大冲击后应及时更换。

（三）管理

安全网应由专人保管发放，暂时不用时应存放在通风、避光、隔热、无化学品污染的仓库或专用场所。

第二节　安全带

一、安全带的分类、组成与标记

（一）安全带的分类

按照使用条件的不同，安全带分为围杆作业安全带、区域限制安全带、坠落悬挂安全带。

围杆作业安全带是通过围绕在固定构造物上的绳或带将人体绑定在固定构造物附近，使作业人员的双手可以进行其他操作的安全带。示例如图 7-3（a）、（b）所示。

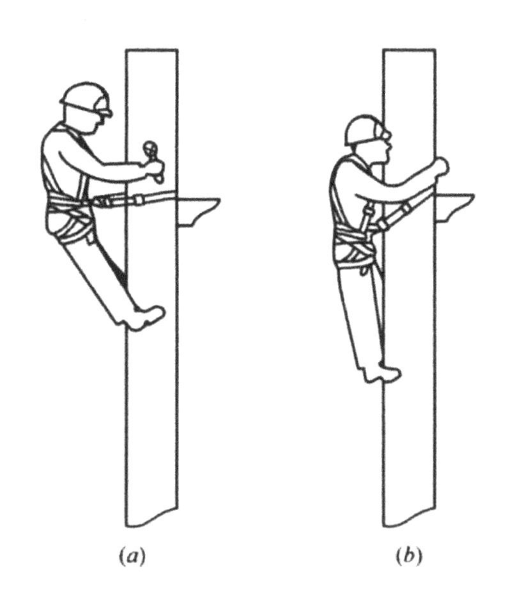

图 7-3　围杆作业安全带

区域限制安全带是用以限制作业人员活动范围，避免其到达可能发生坠落区域的安全带。示例如图 7-4 所示。

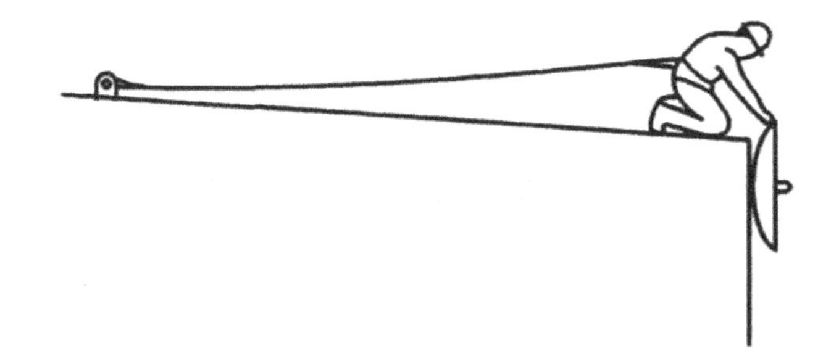

图 7-4　区域限制安全带

坠落悬挂安全带是高处作业或登高人员发生坠落时，将作业人员安全悬挂的安全带。示例如图 7-5 所示。

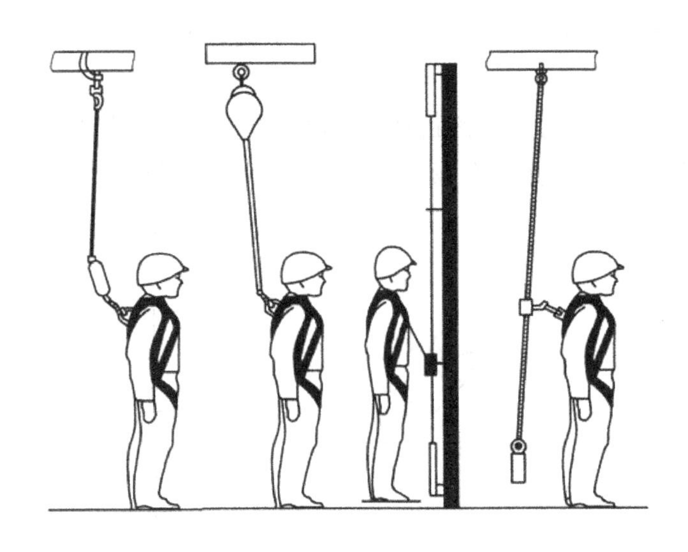

图 7-5　坠落悬挂安全带

（二）安全带的组成

安全带的一般组成见表 7-2。

表 7-2　安全带组成

分类	部件组成	挂点装置
围杆作业安全带	系带、连接器、调节器（调节扣）、围杆带（围杆绳）	杆（柱）
区域限制安全带	系带、连接器（可选）、安全绳、调节器、连接器	挂点
	系带、连接器（可选）、安全绳、调节器、连接器、滑车	导轨
坠落悬挂安全带	系带、连接器（可选）、缓冲器（可选）、安全绳、连接器	挂点
	系带、连接器、缓冲器（可选）、安全绳、连接器、自锁器	导轨
	系带、连接器、缓冲器（可选）、速差自控器、连接器	挂点

（三）安全带的标记

安全带的标记由作业类别、产品性能两部分组成。

作业类别：以字母 W 代表围杆作业安全带，以字母 Q 代表区域限制安全带，以字母 Z 代表坠落悬挂安全带。

产品性能：以字母 Y 代表一般性能，以字母 J 代表抗静电性能，以字母 R 代表抗阻燃性能，以字母 F 代表抗腐蚀性能，以字母 T 代表适合特殊环境（各性能可组合）。

二、安全带的测试方法

安全带的测试方法包括安全带测试方法和测试设备，测试项目包括：模拟人穿戴测试，主带与安全绳静态负荷测试，金属零部件烟雾测试，围杆作业安全带整体静态负荷测试，围杆作业安全带整体滑落测试，区域限制安全带整体静态负荷测试，坠落悬挂安全带整体静态负荷测试，坠落悬挂安全带整体动态负荷测试，零部件静负荷测试，零部件的动态负荷测试，缓冲器的变形测试，意外打开作用力测试，速差自控器，自锁器自锁可靠性测试，运动机构工作次数，预设作用部件启动条件测试，抗化学品性能测试，阻燃性能，特殊环境测试等众多内容。

（一）围杆作业安全带整体静态负荷测试

1. 测试示例

围杆作业安全带整体静态负荷测试示例见图 7-6。

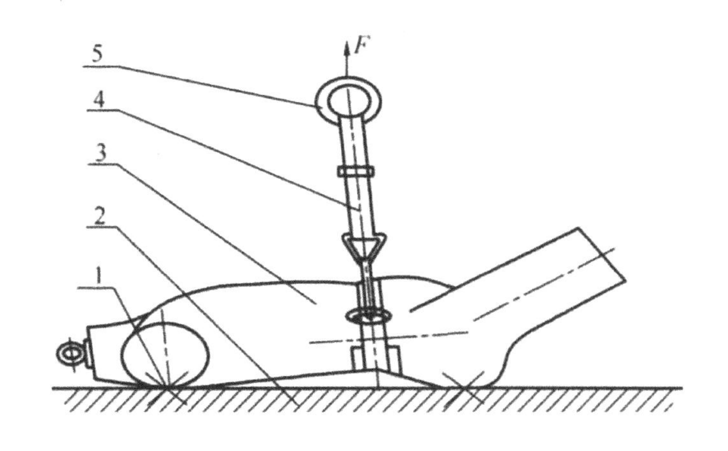

图 7-6　围杆作业安全带整体静态负荷测试示意图

1—连接固定点；2—测试台架；3—模拟人；4—测试样品；5—加载拉环

2. 测试设备

测试台架：有足够大的台面使模拟人固定在测试台架上，使模拟人承受测试负荷时不致歪斜。

加载装置：匀速加载，加载速度小于 100mm/min，计时精度 1%，加载点应有缓冲装置不致形成对样品的冲击。

3. 测试步骤

①按照产品说明将安全带穿戴在模拟人身上，固定在测试台架上；②在穿过调节扣的带扣和带扣框架处做出标记；③将加载点调整到围杆绳（带）与系带连接点的正上方；④将 4.5kN 力加载到围杆绳（带）上，保持 2min；⑤卸载后，测量并记录偏离标记的滑移，观察并记录安全带情况。

（二）围杆作业安全带整体滑落测试

1. 测试示例

围杆作业安全带整体滑落测试示例见图 7-7。

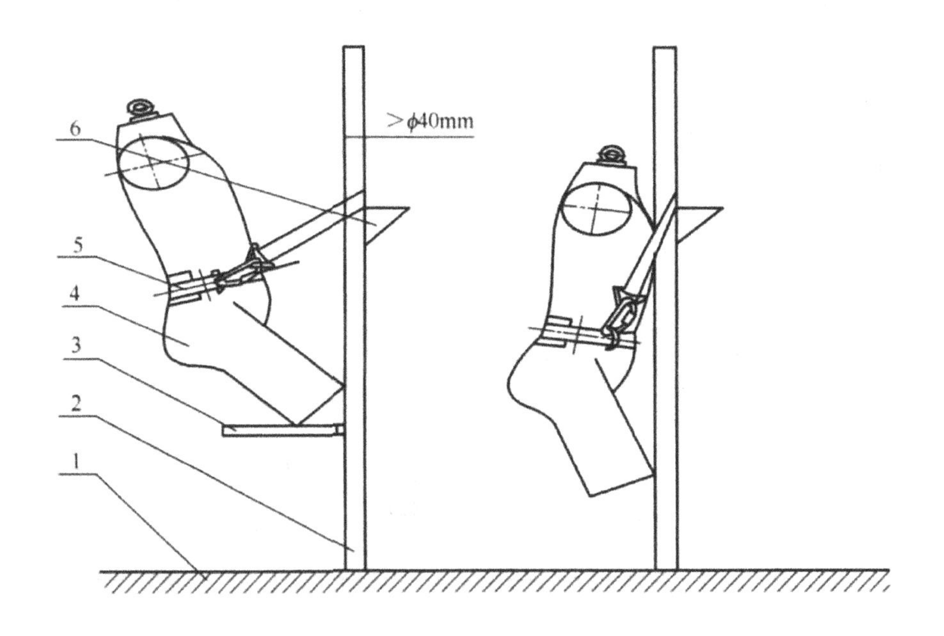

图 7-7　围杆作业安全带整体滑落测试示意图

1—底座；2—立柱；3—翻板；4—模拟人；5—被测样品；6—挂点

2. 测试设备

底座：大地或质量不小于 500kg 的水泥墩。

立柱：直径不小于 40mm，当挂点部位受横向 20kN 力时，变形小于 1mm。

翻板：能承受模拟人的重量，测试时能够瞬间抽出或翻倒。

3. 测试步骤

①按照产品说明将安全带穿戴在模拟人身上后摆放在翻板上。应保证系带悬挂点同固定挂点距离为 200 ~ 300mm；②在穿过调节扣的带扣和带扣框架处做出标记；③抽出或翻倒翻板，使模拟人下坠；④晃动停止后，测量并记录偏离标记的滑移，观察并记录安全带情况。

（三）区域限制安全带整体静态负荷测试

1. 测试示例

区域限制安全带整体静态负荷测试示例见图 7-8。

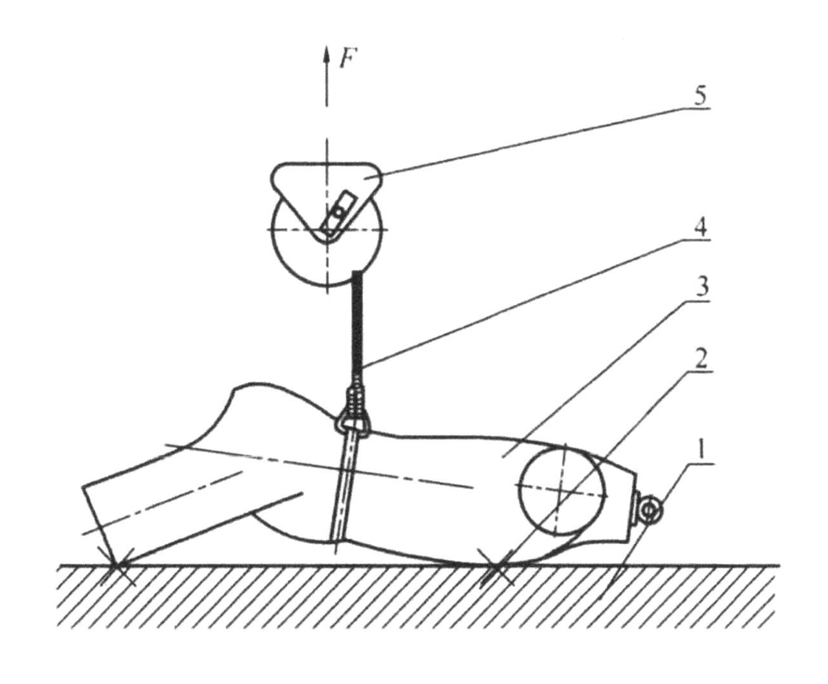

图 7-8　区域限制安全带整体静态负荷测试示意图

1—测试台架；2—连接固定点；3—模拟人；4—被测样品；5—调节器（带滚筒）

2. 测试设备

测试台架：有足够大的台面使模拟人固定在测试台架上，使模拟人承受测试负荷时不致歪斜。

加载装置：匀速加载，加载速度小于 100mm/min，计时精度为 1%，加载点应有缓冲装置不致形成对样品的冲击。

3. 测试步骤

①按照产品说明将安全带穿戴在模拟人身上，固定在测试台架上；②将加载点调整到安全绳与系带连接点的正上方；③将调节器或滑车同加载装置连接；④匀速加载 2kN 力到调节器或滑车上，保持 2min；⑤卸载，观察并记录安全带情况。

（四）坠落悬挂安全带整体静态负荷测试

1. 测试示例

坠落悬挂安全带整体静态负荷测试示例见图 7-9 ~图 7-11。

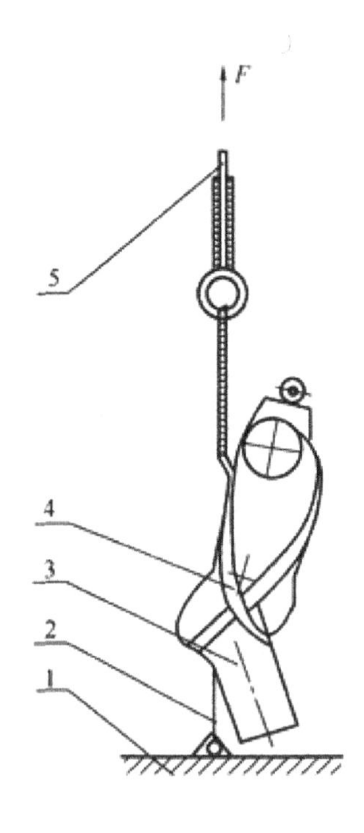

图 7-9　仅含安全绳的坠落悬挂安全带整体静态负荷测试示意图

1—测试台架；2—连接点；3—模拟人；4—被测样品；5—挂点

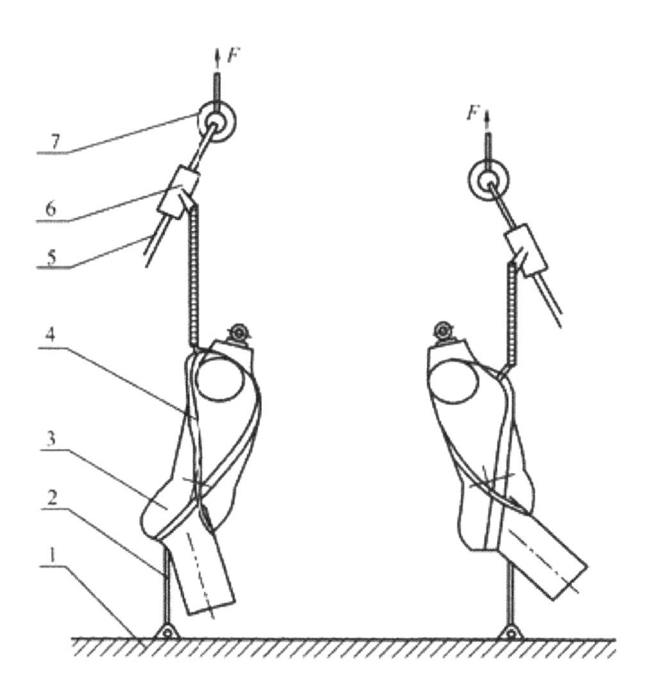

图 7-10　含安全绳、自锁器的坠落悬挂安全带整体静态负荷测试示意图

1—测试台架；2—连接点；3—模拟人；4—被测样品；5—导轨；6—自锁器；7—挂点

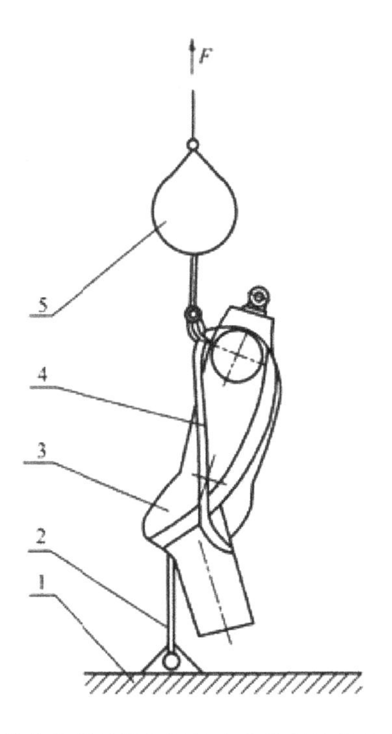

图 7-11　含速差自控器的坠落悬挂安全带整体静态负荷测试示意图

1—测试台架；2—连接点；3—模拟人；4—被测样品；5—自锁器

2. 测试设备

测试台架：有足够大的台面使模拟人固定在测试台架上，使模拟人承受测试负荷时不致歪斜。

加载装置：匀速加载，加载速度小于 100mm/min，计时精度为 1%，加载点应有缓冲装置不致形成对样品的冲击。

3. 测试步骤

（1）仅含安全绳的坠落悬挂安全带的整体静态负荷测试

a. 按照产品说明将安全带穿戴在模拟人身上，将臀部吊环同测试台架连接。b. 在穿过调节扣的带扣和带扣框架处做出标记。c. 将安全带的连接器同加载装置连接。d. 将 15kN 力加载到加载装置上，保持 5min。e. 观察安全带情况，测量并记录偏离标记的滑移，卸载。f. 换一套安全带，将头部吊环同测试台架固定点连接。g. 重复步骤 b ~ e。

（2）含安全绳、自锁器的坠落悬挂安全带整体静态负荷测试

a. 按照产品说明将安全带穿戴在模拟人身上，将臀部吊环同测验台架连接。b. 在穿过调节扣的带扣和带扣框架处做出标记。c. 将导轨同加载装置连接。d. 施加外力，使自锁器开始制动。e. 将 15kN 力加载到导轨上，保持 5min。f. 观察安全带情况，测量并记录偏离标记的滑移，卸载。

（3）含速差自控器的坠落悬挂安全带整体静态负荷测试

a. 按照产品说明将安全带穿戴在模拟人身上，将臀部吊环同测试台架连接。b. 在穿过调节扣的带扣和带扣框架处做出标记。c. 将速差自控器同加载装置连接。d. 施加外力，使速差自控器开始制动。e. 将 15kN 力加载到速差自控器上，保持 5min。f. 观察安全带情况，测量并记录偏离标记的滑移，卸载。

（五）坠落悬挂安全带整体动态负荷测试

1. 测试示例

坠落悬挂安全带整体动态负荷测试示例见图 7-12 ~ 图 7-14。

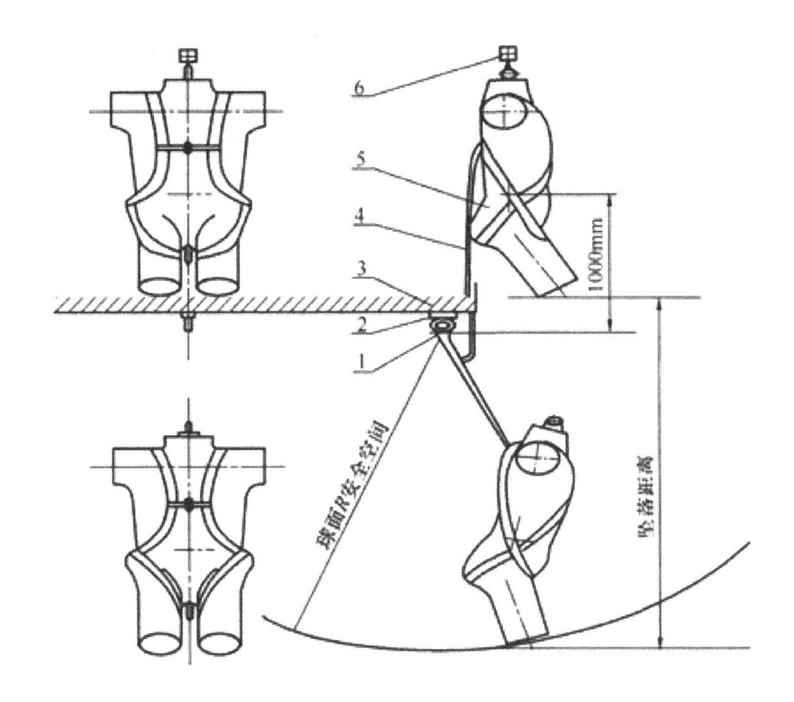

图 7-12 仅含安全绳的坠落悬挂安全带整体动态负荷测试示意图

1—挂点；2—传感器；3—测试台架；4—被测样品；5—模拟人；6—悬吊机构

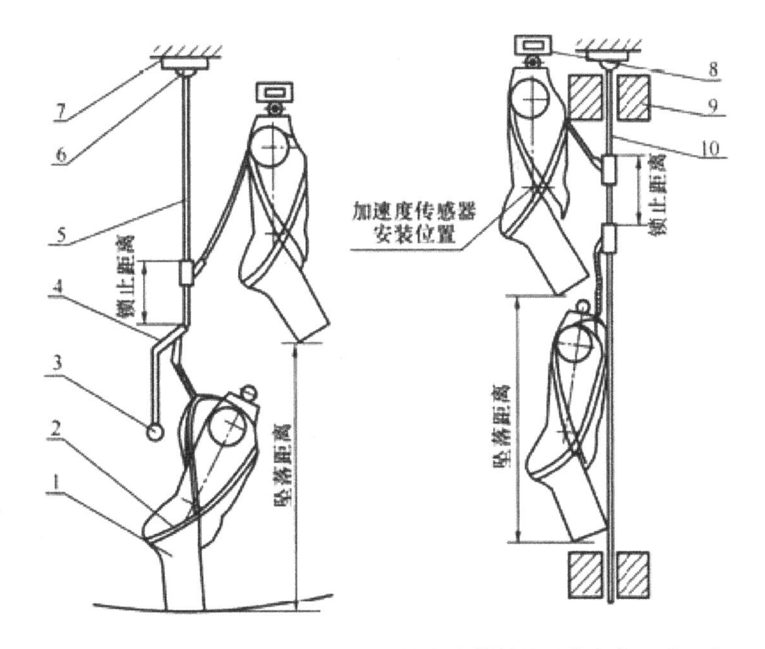

图 7-13 含安全绳、自锁器的坠落悬挂安全带整体动态负荷测试示意图

1—模拟人；2—被测样品；3—稳定器；4—自锁器；5—导绳；

6—传感器；7—测试台架；8—悬吊机构；9—支点；10—导轨

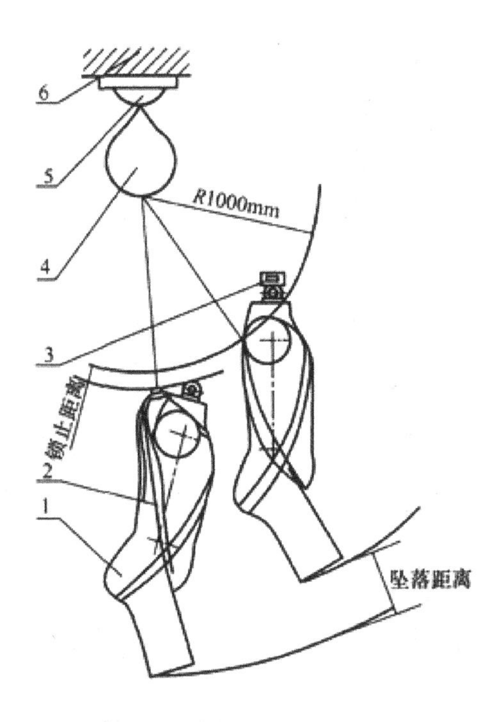

图 7-14　含速差自控器的坠落悬挂安全带整体动态负荷测试示意图

1—模拟人；2—被测样品；3—悬吊机构；4—速差自控器；5 —传感器；6—测试台架

2. 测试设备

（1）冲击测试架

同建筑结构连为一体或基础在大地的悬挂点，悬挂点在承受 20kN 力时，最大位移小于 1mm。

（2）冲击力测量装置

可采用方法 A 或方法 B 测量冲击力，方法 A 是基于动态力传感器的测试方法，方法 B 是基于加速度传感器的测试方法，两者结果具有同等地位。

a. 方法 A：

动态力传感器：测量范围 0 ~ 20kN，频率响应最小 5kHz；安装在基座内。

b. 方法 B：

加速度传感器：测量范围 0 ~ 300G，频率响应最小 5kHz；安装在模拟人体内。

（3）坠落距离、下滑距离测量装置、标尺

距离测试可以采用基于光学跟踪或测距、电磁感应、红外感应、超声探测的方法，精度 ±2.0%。

（4）底座

底座应具有一定强度，并安装传感器。

（5）数据处理装置

数据处理装置与传感器配套，最终记录及显示冲击力数值的装置。技术要求：连续采样时间不低于 20s；采样频率不低于 5kHz；取采样区间内的最大值；测量精度，全量程范围内 ±2.0%。

3. 测试步骤

（1）测试要求

当安全绳长度（包括打开的缓冲器）不足 0.5m 时，不做悬吊模拟人臀部吊环冲击。测试时，将传感器串联在连接器和挂点之间。对含安全绳、自锁器的坠落悬挂安全带的坠落冲击测试时，传感器组件应尽可能小，不应对自锁器的动作造成影响。

（2）仅含安全绳的坠落悬挂安全带动态负荷测试

a. 按照产品说明将安全带穿戴在模拟人身上，模拟人头部吊环与释放器连接，提升模拟人到重心高于悬挂点 1m 处，保证悬挂点到释放点水平距离小于 300mm。b. 在穿过调节扣的带扣和带扣框架处做出标记。c. 释放模拟人，并开始计时。d.5min 后，检查安全带情况，并记录测试结果。e. 换一套新安全带，按产品说明将安全带穿戴在模拟人身上，模拟人臀部吊环与释放器连接，提升模拟人头部吊环至与悬挂点水平，保证悬挂点到释放点水平距离小于 300mm。f. 释放模拟人，并开始计时。g.5min后，测量并记录偏离标记的滑移，观察并记录安全带情况。

（3）含安全绳、自锁器的坠落悬挂安全带动态负荷测试

a. 按照产品说明将安全带穿戴在模拟人身上，模拟人头部吊环与释放器连接，提升模拟人至自锁器可以在导轨上自由滑动，保证悬挂点到释放点水平距离小于 300mm。b. 在穿过调节扣的带扣和带扣框架处做出标记。c. 释放模拟人，并开始计时。d.5min 后，测量并记录偏离标记的滑移，观察并记录安全带情况。e. 用同一套安全带，重复步骤 a ～ d。f. 换一套新安全带，按照产品说明将安全带穿戴在模拟人身上，模拟人臀部吊环与释放器连接，提升模拟人头部至自锁器可以在导轨上自由滑动，保证悬挂点到释放点水平距离小于 300mm。g. 重复步骤 b ～ d。h. 用同一套安全带，重复步骤 f ～ g 的测试过程。

（4）含速差自控器的坠落悬挂安全带动态负荷测试

a. 按照产品说明将安全带穿戴在模拟人身上，模拟人头部吊环与释放器连接，提升模拟人使绳索拉出的距离为 1m，保证悬挂点到释放点水平距离小于 300mm。b. 在穿过调节扣的带扣和带扣框架处做出标记。c. 释放模拟人，并开始计时。d.5min 后，测量并记录偏离标记的滑移，观察并记录安全带情况。e. 换一套新安全带，按照产品说明将安全带穿戴在模拟人身上，模拟人臀部吊环与释放器连接，提升模拟人使绳索拉出的距离为 1m，保证悬挂点到释放点水平距离小于 300mm。f. 在穿过调节扣的带扣和带扣框架处做出标记。g. 释放模拟人，并开始计时。h.5min 后，测量并记录偏离标记的滑移，观察并记录安全带情况。

三、安全带的技术要求

（一）一般要求

①安全带与身体接触的一面不应有突出物，结构应平滑。②安全带不应使用回料或再生料，使用皮革不应有接缝。③坠落悬挂安全带的安全绳同主带的连接点应固定于佩戴者的后背、后腰或胸前，不应位于腋下、腰侧或腹部。④坠落悬挂安全带应带有一个足以装下连接器及安全绳的口袋。⑤金属零件应浸塑或电镀以防锈蚀。⑥金属环类零件不应使用焊接件，不应留有开口。⑦连接器的活门应有保险功能，应在两个明确的动作下才能打开。⑧在爆炸危险场所使用的安全带，应对其金属件进行防爆处理。⑨主带扎紧扣应可靠，不能意外开启。⑩主带应是整根，不能有接头。宽度不应小于 40mm，辅带宽度不应小于 20mm。⑪腰带应和护腰带同时使用。⑫安全绳（包括未展开的缓冲器）有效长度不应大于 2m，有两根安全绳（包括未展开的缓冲器）的安全带，其单根有效长度不应大于 1.2m。⑬护腰带整体硬挺度不应小于腰带的硬挺度，宽度不应小于 80mm，长度不应小于 600mm，接触腰的一面应为柔软、吸汗、透气的材料。

（二）基本技术性能

1. 围杆作业安全带

（1）整体静态负荷

围杆作业安全带应进行整体静态负荷测试，应满足下列要求：a. 整体静拉力不应小于 4.5kN。不应出现织带撕裂、开线、金属件碎裂、连接器开启、绳断、金属件塑性变形、模拟人滑脱等现象。b. 安全带不应出现明显不对称滑移或不对称变形。c. 模拟人的腋下、大腿内侧不应有金属件。d. 不应有任何部件压迫模拟人的喉部、外生殖器。e. 织带或绳在调节扣内的滑移不应大于 25mm。

（2）整体滑落

围杆作业安全带按上述方法进行整体滑落测试，应满足下列要求：a. 不应出现织带撕裂、开线、金属件碎裂、连接器开启、带扣松脱、绳断、模拟人滑脱等现象。b. 安全带不应出现明显不对称滑移或不对称变形。c. 模拟人悬吊在空中时，其腋下、大腿内侧不应有金属件。d. 模拟人悬吊在空中时，不应有任何部件压迫模拟人的喉部、外生殖器。e. 织带或绳在调节扣内的滑移不应大于 25mm。

2. 区域限制安全带

区域限制安全带按上述方法进行整体静态负荷测试，应满足下列要求：a. 整体静拉力不应小于 2kN。b. 不应出现织带撕裂、开线、金属件碎裂、连接器开启，绳断、金属件塑性变形等现象。c. 安全带不应出现明显不对称滑移或不对称变形。d. 模拟人的腋下、大腿内侧不应有金属件。e. 不应有任何部件压迫模拟人的喉部、外生殖器。

3. 坠落悬挂安全带

（1）整体静态负荷

坠落悬挂安全带按上述方法进行整体静态负荷测试，应满足下列要求：a. 整体静拉力不应小于 15kN。b. 不应出现织带撕裂、开线、金属件碎裂、连接器开启、绳断、金属件塑性变形、模拟人滑脱、缓冲器（绳）断等现象。c. 安全带不应出现明显不对称滑移或不对称变形。d. 模拟人的腋下、大腿内侧不应有金属件。e. 不应有任何部件压迫模拟人的喉部、外生殖器。f. 织带或绳在调节扣内的滑移不应大于 25mm。

（2）整体动态负荷

坠落悬挂安全带及含自锁器、速差自控器、缓冲器的坠落悬挂安全带按上述方法进行整体动态负荷测试，应满足下列要求：a. 冲击作用力峰值不应大于 6kN。b. 伸展长度或坠落距离不应大于产品标识的数值。c. 不应出现织带撕裂、开线、金属件碎裂、连接器开启、绳断、模拟人滑脱、缓冲器（绳）断等现象。d. 坠落停止后，模拟人悬吊在空中时不应出现模拟人头朝下的现象。e. 坠落停止后，安全带不应出现明显不对称滑移或不对称变形。f. 坠落停止后，模拟人悬吊在空中时安全绳同主带的连接点应保持在模拟人的后背或后腰，不应滑动到腋下、腰侧。g. 坠落停止后，模拟人悬吊在空中时模拟人的腋下、大腿内侧不应有金属件。h. 坠落停止后，模拟人悬吊在空中时不应有任何部件压迫模拟人的喉部、外生殖器。i. 坠落停止后，织带或绳在调节扣内的滑移不应大于 25mm。

对于有多个连接点或多条安全绳的安生带，应分别对每个连接点和每条安全绳进行整体动态负荷测试。

（三）特殊技术性能

①产品标志声明的特殊性能仅适用于相应的特殊场所；②具有特殊性能的安全带在满足特殊性能时，还应具有上述一般要求和基本技术性能；③阻燃性能续燃时间不大于 5s；④抗腐蚀性能。

四、检验规则

（一）出厂检验

生产企业应按照生产批次对安全带逐批进行出厂检验。各测试项目、测试样本大小、不合格分类、判定数组见表 7-3。

表 7-3　出厂检验

测试项目	批量范围（条）	单项检验样本大小（条）	不合格分类	单项判定数组	
				合格判定数	不合格判定数
整体静态负荷	小于 500	3	A	0	1
整体动态负荷	501 ~ 5000	5		0	1
整体滑落测试					
零部件静态负荷					
零部件动态负荷					
零部件机械性能					

（二）型式检验

有下列情况之一时须进行型式检验：①新产品鉴定或老产品转厂生产的试制定型鉴定；②当材料、工艺、结构设计发生变化时；③停产超过一年后恢复生产时；④周期检查，每年一次；⑤出厂检验结果与上次型式检验结果有较大差异时；⑥国家有关主管部门提出型式检验要求时；⑦样本由提出检验的单位或委托第三方从企业出厂检验合格的产品中随机抽取，样品数量以满足全部测试项目要求为原则。

五、标志

（一）安全带的标志

安全带的标志由永久标志和产品说明组成。

（二）永久标志

永久标志应缝制在主带上，内容应包括：①产品名称；②本标准号；③产品类别（围杆作业、区域限制或坠落悬挂）；④制造厂名；⑤生产日期（年、月）；⑥伸展长度；⑦产品的特殊技术性能（如果有）；⑧可更换的零部件标志应符合相应标准的规定。

可以更换的系带应有下列永久标记：①产品名称及型号；②相应标准号；③产品类别（围杆作业、区域限制或坠落悬挂）；④制造厂名；⑤生产日期（年、月）。

（三）产品说明

每条安全带应配有一份说明书，随安全带到达佩戴者手中。其内容包括：①安全带的适用和不适用对象；②生产厂商的名称、地址、电话。③整体报废或更换零部件的条件或要求；④清洁、维护、贮存的方法；⑤穿戴方法；⑥日常检查的方法和部位；⑦安全带同挂点装置的连接方法（包括图示）；⑧扎紧扣的使用方法或带在扎紧扣上的缠绕方式（包括图示）；⑨系带扎紧程度；⑩首次破坏负荷测试时间及以后的检查频次；⑪声明“旧产品“，当主带或安全绳的破坏负荷低于 15 kN 时，该批安全带应报废或“更换部件”；⑫根据安全带的伸展长度、工作现场的安全空间、挂点位置判定该安全带是否可用的方法；⑬本产品为合格品的声明；

六、安全带的使用方法

①在 2m 以上的高处作业，都应系好安全带。必须有产品检验合格证明，无证明的不能使用。②安全带应高挂低用，注意防止摆动碰撞。若安全带低拉高用，一旦发生坠落，将增加冲击力，增加坠落危险。使用 3m 以上长绳应加缓冲器，自锁钩用吊绳例外。③安全带使用两年后，按批量购入情况抽验一次。若测试合格，该批安全带可继续使用。对抽试过的样带，必须更换安全绳后才能继续使用。使用频繁的绳，要经常做外观检查，发现异常情况者，应立即更换新绳。安全带的使用期为 3 ~ 5 年，发现异常情况，应提前报废。④不准将绳打结使用，也不准将钩直接挂在安全绳上使用，挂钩应挂在连环上使用。⑤安全绳的长度控制在 1.2 ~ 2m，使用 3m 以上的长绳应增加缓冲器。安全带上的各种部件不得任意拆掉。更换新绳时要注意加绳套。⑥缓冲器、速差式装置和自锁钩可以串联使用。

第三节　安全帽

一、安全帽的防护原理

安全帽是对人体头部受坠落物及其他特定因素引起的伤害起保护作用的帽，由帽壳、帽衬和下颏带、附件组成。安全帽是采用具有一定强度的帽体、帽衬和缓冲结构构成，以承受和分散坠落物瞬间的冲击力，以便能使有害荷载分布在头盖骨的整个面积上，即头与帽和帽顶的空间位置共同构成吸收分流，以保护使用者头部能避免或减轻外来冲击力的伤害。另外，如果戴安全帽后由一定的高度坠落，若头部先着地而帽不脱落，还能避免或减轻头部撞击伤害。

二、安全帽的构造与分类

（一）安全帽的构造

1. 帽壳

安全帽外表面的组成部分，由帽舌、帽檐、顶筋组成。

帽舌：帽壳前部伸出的部分；帽檐：在帽壳上，除帽舌以外帽壳周围其他伸出的部分；顶筋：用来增强帽壳顶部强度的结构。

2. 帽衬

帽壳内部部件的总称。由帽箍、吸汗带、缓冲垫、衬带等组成。帽箍：绕头围起固定作用的带圈，包括调节带圈大小的结构；吸汗带：附加在帽箍上的吸汗材料；缓冲垫：设置在帽箍和帽壳之间吸收冲击能力的部件；衬带：与头顶直接接触的带子。

3. 下颏带

系在下巴上起辅助固定作用的带子，由系带、锁紧卡组成。锁紧卡：调节与固定系带有效长短的零部件。

4. 附件

附加于安全帽的装置，包括眼面部防护装置、耳部防护装置、主动降温装置、电感应装置、颈部防护装置、照明装置、警示标志等。

（二）安全帽上的通气孔

《安全帽》在附录中规定了安全帽上通气孔的设计和要求：①当工作人员佩戴安全帽后，应充分考虑由于散热不良给佩戴者带来的不适。通气孔作为主要的散热措施应该受到制造商及采购方的重视。通气孔的设置应根据佩戴者的工作环境、劳动强度、气象条件及被保护的严密程度等确定。②通气孔的设置应使空气尽可能对流，推荐的方法是使空气从安全帽底部边缘进入、从安全帽上部 1/3 位置处开孔排出。③帽衬同帽壳或缓冲垫之间应保留一定的空间，使空气可以流通。如果存在缓冲垫，缓冲垫不应遮盖通气孔。如果安全帽上设置通气孔，通气孔总面积为 150 ~ 450mm^2。④可以提供关闭通气孔的措施，如果提供这类措施，通气孔应可以开到最大。

（三）安全帽的分类

安全帽按不同材料、外形、作业场所进行分类。

1. 材料分类

（1）工程塑料

工程塑料主要分热塑性材料和热固性材料两大类。主要用来制作安全帽帽壳、帽衬等，制作帽箍所用材料，当加入其他增塑、着色剂等材料时，要注意这些成分有无毒性，不要引起皮肤过敏或发炎。应用在煤矿瓦斯矿井使用的塑料帽，应加防静电剂。热固性材料可以和玻璃丝、维纶丝混合压制而成。

（2）橡胶料

橡胶料有天然橡胶和合成橡胶。不能用废胶和再生胶。

（3）纸胶料

纸胶料用木浆等原料调制。

（4）防寒帽用料

防寒帽帽壳可用工程塑料制成，面料可用棉织品、化纤制品、羊剪绒、长毛绒、皮革、人造革、毛料等。帽衬里可用色织布、绒布、毛料等。

（5）帽衬带用料

帽壳用料：棉、化纤；帽衬和顶带拴绳用料；棉绳、化纤绳或棉、化纤混合绳。下颏带用料：棉织带或化纤带。

2. 外形分类

无檐、小檐、卷边、中檐、大檐等。

3. 作业场所分类

分为普通安全帽和含特殊性能的安全帽。Y 表示一般作业类别的安全帽；T 表示特殊作业类别的安全帽。

普通安全帽适用于大部分工作场所，包括建设工地、工厂、电厂、交通运输等。这些场所可能存在坠落物伤害、轻微磕碰、飞溅的小物品引起的打击等。

含特殊性能的安全帽可作为普通安全帽使用，具有普通安全帽的所有性能。特殊性能可以按照不同组合，适用于特定的场所。按照特殊性能的种类其对应的工作场所包括：

（1）抗侧压性能

适用于可能发生侧向挤压的场所，包括可能发生塌方、滑坡的场所；存在可预见的翻倒物体；可能发生速度较低的冲撞场所。

（2）其他性能

其他性能要求如阻燃性、防静电性能、绝缘性能、耐低温性能以及根据工作实际情况可能存在以下特殊性能，包括摔倒及跌落的保护、导电性能、防高压电性能、耐超低温、耐极高温性能、抗熔融金属性能等。

三、安全帽主要规格要求

（一）一般要求

①帽箍可根据安全帽标志中明示的适用头围尺寸进行调整。②帽箍对应前额的区域应有吸汗性织物或增加吸汗带，吸汗带宽度大于或等于帽箍的宽度。③系带应采用软质纺织物，宽度不小于 10mm 的带或直径不小于 5mm 的绳。④不得使用有毒、有害或引起皮肤过敏等对人体伤害的材料。⑤材料耐老化性能应不低于产品标识明示的日期，正常使用的安全帽在使用期内不能因材料问题导致其性能低于标准要求。所有使用的材料应具有相应的预期寿命。⑥当安全帽配有附件时，应保证正常佩戴时的稳定性，应不影响正常防护功能。⑦质量：普通安全帽不超过 430g，防寒安全帽不超过 600g。⑧帽壳内部尺寸：长：195 ~ 250mm；宽：170 ~ 220mm；高：120 ~ 150mm。⑨帽舌：10 ~ 70mm；帽檐：≤ 70mm。⑩佩戴高度：安全帽在佩戴时，帽箍底部至头顶最高点的轴向距离。⑪垂直间距：安全帽在佩戴时，头顶最高点与帽壳内表面之间的轴向距离（不包括顶筋的空间）。⑫水平间距：安全帽在佩戴时，帽箍与帽壳内侧之间在水平面上的径向距离为 5 ~ 20mm。以避免外来冲击时，头部两侧与帽壳直接接触。⑬突出物：帽壳内侧与帽衬之间存在的突出物高度不得超过 6mm，应有软垫覆盖。⑭通气孔：当帽壳留有通气孔时孔总面积为 150 ~ 450mm^2。

（二）基本技术性能

1. 冲击吸收性能

经高温、低温、浸水、紫外线照射预处理后做冲击测试，传递到头模上的力不超过 4900N，帽壳不得有碎片脱落。

2. 耐穿刺性能

经高温、低温、浸水、紫外线照射预处理后做穿刺测试，钢锥不得接触头模表面，帽壳不得有碎片脱落。

3. 下颏带的强度

下颏带的强度测试，下颏带发生破坏时的力值应介于 150 ～ 250N 之间。

（三）特殊技术性能

产品标志中所声明的安全帽具有的特殊性能，仅适用于相应的特殊场所。

1. 侧向刚性

最大变形不超过 40mm，残余变形不超过 15mm，帽壳不得有碎片脱落。

2. 其他性能

防静电性能、电绝缘性能、阻燃性能以及耐低温性能等。建筑施工中通常较少用到。

四、安全帽的检验

（一）安全帽的检验样品

①检验样品应符合产品标志的描述，零件齐全，功能有效；②检验样品的数量应根据检验的要求确定，表 7-4 规定的检验项目最小检验数量均为三顶；③非破坏性检验可以同破坏性检验共用样品，不另外增加样品数量；④检验样品应在最终生产工序完成后在普通大气环境中至少平衡三天。

表 7-4　安全帽检验项目

<table>
<tr><th>性能类别</th><th>检验项目</th><th>性能类别</th><th>检验项目</th></tr>
<tr><td rowspan="8">基本性能</td><td>高温（50℃）处理后冲击吸收性能</td><td rowspan="2">基本性能</td><td>外观结构及尺寸</td></tr>
<tr><td>低温（-10℃）处理后冲击吸收性能</td><td>下颏带强度检验</td></tr>
<tr><td>技术处理后冲击吸收性能</td><td rowspan="6">特殊性能</td><td>阻燃性能</td></tr>
<tr><td>辐照处理后冲击吸收性能</td><td>侧向刚性</td></tr>
<tr><td>高温（50℃）处理后耐穿刺性能</td><td>防静电性能</td></tr>
<tr><td>低温（-10℃）处理后耐穿刺性能</td><td>电绝缘性能</td></tr>
<tr><td>辐照处理后耐穿刺性能</td><td>低温（-20℃）处理后冲击吸收性能</td></tr>
<tr><td>浸水处理后耐穿刺性能</td><td>低温（-20℃）处理后耐穿刺性能</td></tr>
</table>

（二）安全帽的检验类别

检验类别分为出厂检验、型式检验、进货检验三类。

1. 出厂检验

生产企业应逐批进行出厂检验。检查批量以一次生产投料为一批次，最大批量应小于8万顶。各项检验样本大小、不合格分类、判定数组见表7-5。

表7-5 各项检验样本大小、不合格分类、判定数组

检验项目	批量范围	单项检验样本大小	不合格分类	单项判定数组	
				合格判定数	不合格判定数
冲击吸收性能、耐穿刺性能、电绝缘性能、侧向刚性、阻燃性能、防静电性能、垂直间距、佩戴高度、标志	< 500	3	A	0	1
	501 ~ 5000	5		0	1
	5001 ~ 50 000	8		0	1
	≥ 50 001	13		1	2
重量、水平间距、帽壳、内突出物、下颏带强度、通气孔设置	< 500	3	B	1	2
	501 ~ 5000	5		1	2
	5001 ~ 50000	8		1	2
	≥ 50001	13		2	3
帽舌尺寸、帽檐、帽壳内部尺寸、吸汗带要求、系带的要求	< 500	3	C	1	2
	501 ~ 5000	5		1	2
	5001 ~ 50 000	8		2	3
	≥ 50 001	13		2	3

2. 型式检验

①有下列情况时须进行型式检验：a．新产品鉴定；b．当配方、工艺、结构发生变化时；c．停产一定周期后恢复生产时；d．周期检查，每年一次；e．出厂检验结果与上次型式检验结果有较大差异时。②型式检验样本数量根据检验项目的要求，按照规定执行。③样本由提出检验的单位或委托第三方从逐批检查合格的产品中随机抽取。

型式检验样本数量、判别水平、不合格质量水平的判定数组见表7-6。

表 7-6　型式检验样本数量、判别水平、不合格质量水平的判定数组

判别水平	合格类别	不合格质量水平	合格判定数	不合格判定数
		RQL	A_c	R_e
Ⅱ	A	50	0	1
	B	50	1	2
	C	50	2	3

3. 进货检验

进货单位按批量对冲击吸收性能、耐穿刺性能、垂直间距、佩戴高度、标志及标志中声明的符合特殊技术性能或相关方约定的项目进行检测，无检验能力的单位应到有资质的第三方实验室进行检验。

五、安全帽的标志

每顶安全帽的标志由永久标志和产品说明组成。

（一）永久标志

刻印、缝制、标牌、模压或注塑在帽壳上的永久标志。包括：本标准编号；制造厂名；产品名称（由生产厂命名）；生产日期（年、月）；产品的特殊技术性能（如果有）。

（二）产品说明

每个安全帽均要附加一个含有下列内容的说明材料，可以使用印刷品、图册或耐磨不干胶贴等形式，提供给最终使用者。必须包括：

①声明："为充分发挥保护力，安全帽佩戴时必须按头围的大小调整帽箍并系紧下颏带"；"安全帽在经受严重冲击后，即使没有明显损坏也必须更换"；"除非按制造商的建议进行，否则对安全帽配件进行的任何改造和更换都会给使用者带来危险"。②是否可以改装的声明；是否可以在外表面涂敷油漆、溶剂、不干胶贴的声明。③制造商的名称、地址和联系资料。④为合格品的声明及资料。⑤适用和不适用场所。⑥适用头围的大小。⑦调整、装配、使用、清洁、消毒、维护、保养和储存方面的说明和建议。⑧使用的附件和备件（如果有）的详细说明；安全帽的报废判别条件和保质期限。

六、安全帽的技术要求与试验方法

（一）测试样品

测试样品应符合产品标志的描述，附件齐全，功能有效。数量应根据测试的具体要求确定，最小数量应满足规定要求。

（二）预处理

被测试样品应在测试室放置 3h 以上，然后分别按照规定进行预处理，有特别声明的除外。

（三）测试设备

1. 温度调节箱

温度调节箱内的温度应在 50℃ ±2℃、-10±2℃或 -20℃ ±2℃范围内可控制，箱内温度应均匀，温度的调节可以准确到 1℃，应保证安全帽在箱体内不接触其内壁。

2. 紫外线照射箱

紫外线照射箱内应有足够的空间，保证安全帽被摆放在均匀辐照区域内，并保证安全帽不触及箱体的内壁。可采用紫外线照射（A 法）和氙气照射（B 法）两种方法。

紫外线照射：应保证帽顶最高点至灯泡距离为 150±5mm；正常工作时间内箱体温度不超过 60℃，灯泡为 450W 的短脉冲高压氙气灯，推荐的型号为 XBO-450W/4 或 CSX-450W/4。

氙灯照射：氙灯波长在 280 ~ 800nm 范围内的辐射能可测量；黑板温度 70℃ ±3℃；相对湿度 50%±5%；喷水或喷雾周期每隔 102min 喷水 18min。

3. 水槽

水槽应有足够体积使安全帽浸没在水中，应保证水温在 20℃ ±2℃范围内可控制。

（四）测试顺序

测试应先做无损检测，后做破坏性测试。同一顶帽子应按照图 7-15 的次序进行测试。

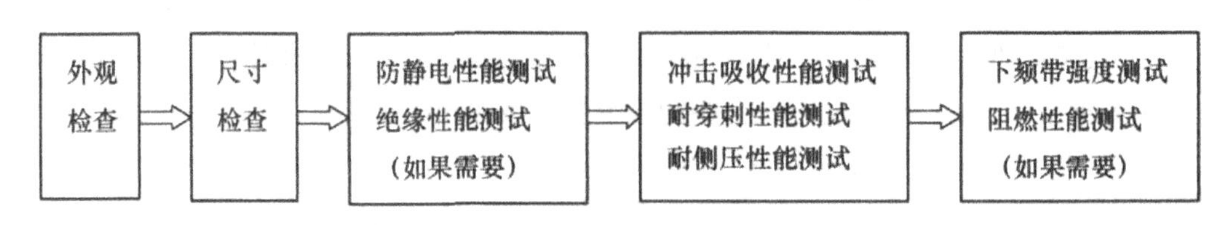

图 7-15　安全帽测试顺序

（五）测试环境

测试环境应为20℃ ±2℃，相对湿度50%±20%，安全帽应在脱离预处理环境30s内完成测试。

（六）头模

分为1号头模和2号头模两种。材质为镁铝合金或铝的主体加配重组成，重量为5.0±0.1kg。应按照佩戴高度的大小选择头模的型号。

佩戴高度< 85mm时，使用1号头模；佩戴高度> 85mm时，使用2号头模。

（七）佩戴高度测量

1. 测试装置

装置为一个带有测量标尺的1号头模，以头模顶点为0刻度、向下延伸的高度距离为1±0.5mm的等高线，刻度准确到1mm，应同时保证相邻五条等高线的距离为5±0.08mm。

2. 检验方法

将安全帽正常戴到头模上，安全帽侧面帽箍底边与头模对应的标尺刻度即为佩戴高度，记录测量值准确到1mm。

（八）垂直间距测量

使用标准的头模，将安全帽正常佩戴在头模上，帽壳短轴边缘上点与头模对应的标尺刻度为X_1，将安全帽去掉帽衬后放在同一头模上，帽壳边缘同一点与头模对应的标尺刻度为X_2，计算X_2与X_1的差值即为垂直间距，记录测量值准确到1mm。

（九）冲击吸收性能测试

1. 预处理

（1）调温处理

安全帽分别在50℃ ±2℃，-10℃ ±2℃或-20℃ ±2℃的温度调节箱中放置3h。

（2）紫外线照射预处理

紫外线照射预处理应优先采用A法，当用户要求或有其他必要时可采用B法。

采用紫外线照射（A法）时，安全帽应在紫外线照射箱中照射400±4h，取出后在实验室环境中放置4h。采用氙灯照射（B法）时，累计接受波长280 ~ 800nm范围内的辐射能量为1GJ/m^2，试验周期不少于4d。

（3）浸水处理

安全帽应在温度 20±2℃的新鲜自来水槽里完全浸泡 24h。

2. 测试装置

冲击测试装置示意图见图 7-16。

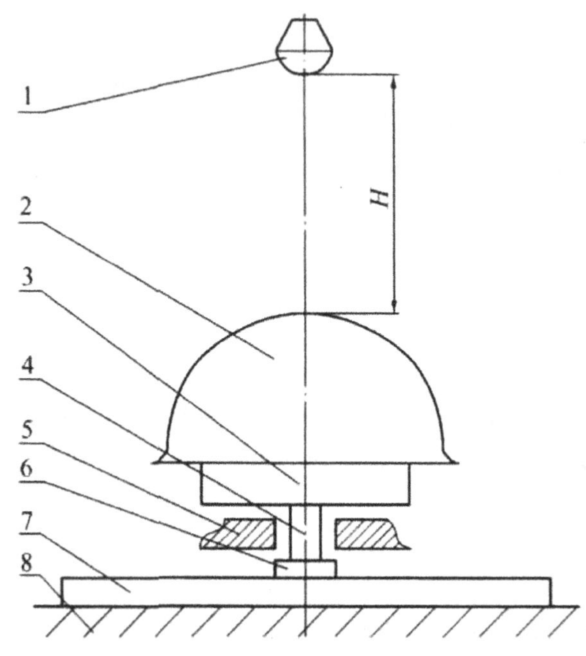

图 7-16 冲击测试装置示意图

1—落锤；2—安全帽；3—头模；4—过渡轴；5—支架；6—传感器；7—底座；8—基座

3. 测试装置中各部件的要求

（1）基座

质量不少于 500kg 的混凝土材料。

（2）台架

能够控制提升、悬挂和释放冲击落锤。

（3）落锤

质量为 30±0.05kg，锤头为半球形，半径 48mm，材质为 45 号钢，外形对称均匀。

（4）测力传感器

测量范围 0～20kN，频率响应最小 5kHz 的动态力传感器。

（5）底座

具有抗冲击强度，能牢固安装测力传感器。

4. 测量精度

全量程范围内 ±2.5%。

5. 测试方法

根据安全帽的佩戴高度选择合适的头模，按照安全帽的说明书调整安全帽到正常使用状态，将安全帽正常佩戴在头模上，应保证帽箍与头模的接触为自然状态且稳定，调整落锤的轴线同传感器的轴线重合，调整落锤的高度为 1000 ± 5mm，如果使用带导向的落锤系统，在测试前应验证 60mm 高度下落末速度与自由下落末速度相差不超过 0.5%，依次对经浸水、高温、低温、紫外线照射预处理的安全帽进行测试。记录冲击力值，准确到 1N。

（十）耐穿刺性能测试

1. 预处理

同冲击吸收性能测试。

2. 测试装置

穿刺性能测试装置示意图见图 7-17。

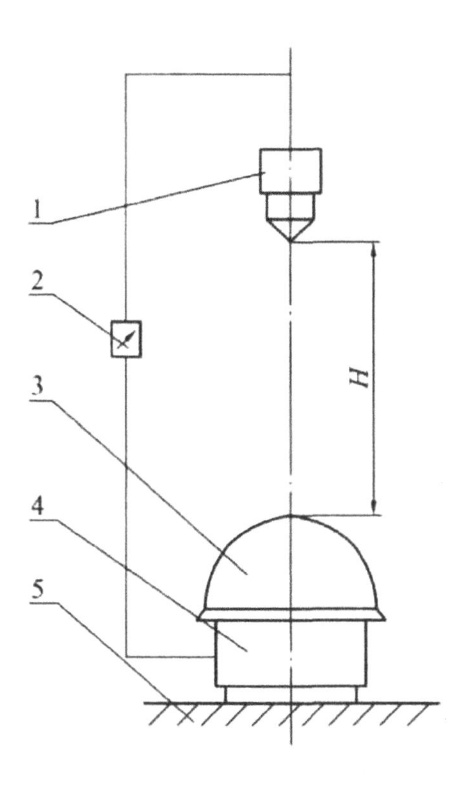

图 7-17　穿刺性能测试装置示意图

1—穿刺锥；2—通电显示装置；3—安全帽：4—头模；5—基座

3. 测试装置中各部件的要求

（1）基座

质量不少于500kg的混凝土材料。

（2）台架

能够控制提升、悬挂和释放穿刺落锤。

（3）穿刺锥

材质为45号钢，质量为30±0.05kg，穿刺部分为锥角60°，锥尖半径0.5mm，长度40mm，最大直径28mm，硬度为HRC45。

（4）通电显示装置

当电路形成闭合回路时，可以发出信号，表示锥尖已经接触头模。

4. 测试方法

根据安全帽的佩戴高度选择合适的头模，按照安全帽的说明书调整安全帽到正常使用状态，将安全帽正常佩戴在头模上，应保证帽箍与头模的接触为自然状态且稳定，调整穿刺锥的轴线使其穿过安全帽帽顶中心直径100mm范围内结构最薄弱处，调整穿刺锥尖至帽顶接触点的高度为1000±5mm，如果使用带导向的落锥系统，在测试前应验证60mm高度下落末速度与自由下落末速度相差不超过0.5%，依次对经高温、低温、浸水、紫外线照射预处理的安全帽进行测试。观察通电显示装置和安全帽的破坏情况，记录穿刺结果。

（十一）下颏带强度测试

1. 测试装置

测试装置由头模、支架、人造下颏和试验机组成，如图7-18所示。

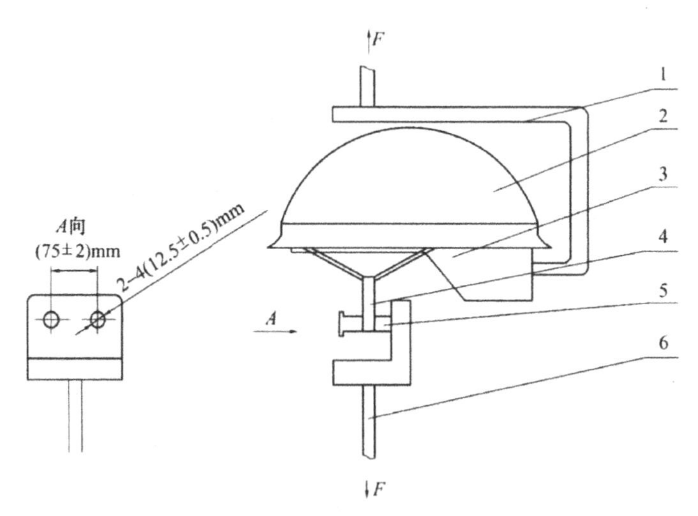

图7-18　下颏带性能测试装置示意图

1—上支架；2—安全帽；3—头模；4—下颏带；5—轴；6—下支架

2. 测试装置中各部件的要求

（1）头模

一个带有稳定支撑能与人造下颏组合使用的模拟头模，质量大小可以不考虑。

（2）人造下颏

由两个直径为 12.5 ± 0.5mm、互相平行且轴线的距离为 75 ± 2mm 的刚性轴，固定在一个刚性的支架上与试验机相接。

（3）精度

试验机精度 ± 1%。

3. 试验方法

将一个经过穿刺测试的安全帽正常佩戴在头模上，将下颏带穿过人造下颏的两个轴系紧，以 150 ± 10N/min 的速度加荷载至 150N，然后以 20 ± 2N/min 的速度连续施加荷载，直至下颏带断开或松懈时为止，记录最大荷载，精确到 1N。

当上下支架分离位移超过该安全帽的佩戴高度，即视为下颏带松懈。

（十二）侧向刚性测试

1. 测试装置

测试装置由万能材料试验机和两个直径 100mm 金属平板组成。万能材料试验机的测试精度为 ± 1%，金属平板硬度为 HRC45。

2. 测试方法

将安全帽侧向放在两平板之间，帽檐在外并尽可能靠近平板，测试机通过平板向安全帽加压（见图 7-19），在平板的垂直方向施加 30N 的力，并保持 30s，记录此时平板的间距为 Y_1，然后以 100N/min 的速度加载直至 430N，保持 30s，记录此时平板的间距为 Y_2，以 100N/min 的速度将荷载降至 25N，然后立即以 100 N/min 的速度加载直至 30N，保持 30s，记录此时平板的间距为 Y_3，测量值应精确到 1mm，并记录可能出现的破坏现象，Y_1 与 Y_2 的差值为最大试验示意图变形值，Y_1 与 Y_3 的差值为残余变形值。

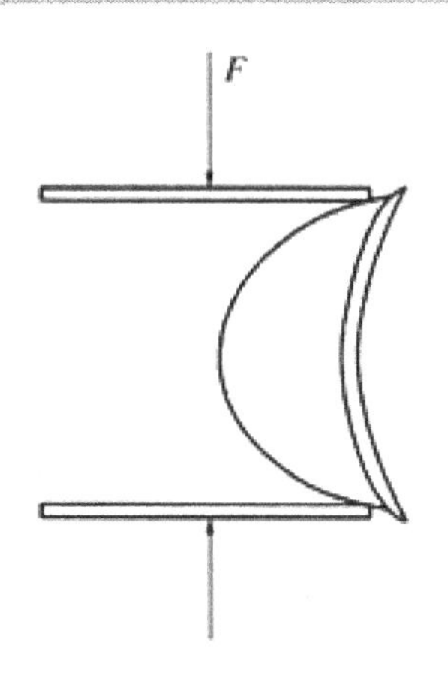

图 7-19　侧向刚性试验示意图

七、安全帽的使用方法

安全帽被广大工人称为“三宝”之一，是建筑施工现场有效保护头部，减轻各种事故伤害，保证生命安全的主要防护用品。大量的事实证明，正确佩戴安全帽可以有效降低施工现场的事故发生频率，有很多事故都是因为进入施工现场的人不戴安全帽或不正确佩戴安全帽而引起的。正确佩戴安全帽的方法是：①帽衬顶端与帽壳内顶必须保持 25 ~ 50mm 的空间，有了这个空间，才能有效地吸收冲击能量，使冲击力分布在头盖骨的整个面积上，减轻对头部的伤害。②必须系好下颏带，戴紧安全帽，如果不系紧下颏带，一旦发生物体坠落打击事故，安全帽将离开头部，导致发生严重后果。③安全帽必须戴正。如果戴歪了，一旦头部受到打击，就不能减轻对头部的打击。④安全帽要定期检查。由于帽子在使用过程中，会逐渐损坏，所以要定期进行检查，发现帽体开裂、下凹、裂痕和磨损等情况，应及时更换。不得使用有缺陷的帽子。由于帽体材料具有硬化、变脆的性质，故在气候炎热、阳光长期直接暴晒的地区，塑料帽定期检查的时间要适当缩短。另外，由于汗水浸湿而使帽衬损坏的帽子要立即更换。⑤不要为了透气而随便在帽壳上开孔，因为这样会使帽体强度显著降低。⑥要选购经有关技术监督管理部门检验合格的产品，要有合格证及生产许可证，严禁选购无证产品、不合格产品。⑦进入施工现场的所有作业人员必须正确佩戴安全帽，包括技术管理人员、检查人员和参观人员。

第四节　其他个人防护用品

根据对人体的伤害情况，以保护为目的而制作的劳动保护用品可以分为两类：一类是保护人体由于受到急性伤害而使用的保护用品；另一类是保护人体由于受到慢性伤害而使用的保护用品。为了防护这两种伤害，建筑工地除经常使用的安全带、安全帽外，主要还有以下个人防护用品：

一、眼面部防护用品

眼面部的防护在劳动保护中占有很重要的地位。其功能是防止生产过程中产生的物质飞溅颗粒、火花、液体飞沫、热流、耀眼的光束、烟雾、熔融金属和有害射线等，可能给人的眼睛和面部造成的伤害。眼面部护具根据防护对象的不同，可分为防冲击眼面部护具、防辐射眼面部护具、防有害液体飞溅眼面部护具和防烟尘眼面部护具等。而每类眼面部护具，根据其结构形式一般又可分为防护眼镜、眼罩和防护面罩几种。

（一）防冲击眼面部护具

防冲击眼面部护具主要用来预防工厂、矿山及其他作业场所中，铁、灰砂和碎石等物可能引起的眼面部击伤。防冲击眼面部护具分为防护目镜、眼罩和面罩二类防冲击眼面部护具，应具有良好的抗高强度冲击性能和抗高速粒子冲击性能。此外，还应满足一定的耐热性能和耐腐蚀要求。透光部分应满足规定的视野要求。镜片应具有良好的光学性能。镜片的材料通常可为塑胶片、黏合片或经强化处理的玻璃片。在结构上，眼部护具应做到：一方面既能防护正面，又能防护侧面的飞击物；另一方面还要具有良好的透气性。在外观的质量上，要求表面光滑，无毛刺、锐角和可能引起眼部或面部不舒适感的其他缺陷。

（二）防辐射眼面部护具

防辐射眼面部护具主要用来抵御、防护生产中有害的红外线、紫外线、耀眼可见光线及焊接过程中的金属飞溅物等对眼面部的伤害。

防辐射眼面部护具分护目镜和防护面罩两大类。护目镜仅能对眼部进行防护，而防护面罩则既可保护眼部，又能对面部进行防护。防护面罩上设有观察窗，观察窗上装有护目镜片，以便于操作过程中的观察。对于这两类防辐射眼面部护具，应按不同的防护目的和使用场所适当选择。

对于防辐射类眼面部护具，我国颁发的《焊接眼面防护具》标准规定：用于焊接作业的眼面护具分为两大类七种形式。一类是护目镜类，它分为普通眼镜式、前挂镜式和防侧光镜式三种；另一类是面罩类，它分为手持式、头戴式、安全帽式和安全帽前挂镜片式四种。

眼面部护具的镜片在防护中起着关键作用，对于防辐射线眼面部护具的镜片，既要求它保证规定的视力，以便于使用者进行作业；又要求它对辐射线有充分的阻挡作用，以避免或减少对使用者眼面部的伤害。为此，国家标准对护具滤光镜的遮光能力规定了技术要求。它要求滤光片既能透过适当的可见光，又能将紫外线和红外线减弱到标准允许值以下。标准中根据可见光的透光率，将滤光片编为不同的遮光号。同时，对每种遮光号的滤光片的紫外线透光率和红外线透光率规定了允许值。

根据防护作用原理的不同，滤光片可分为吸收式、反射式、吸收－反射式、光化学反应式和光电式等几类。它们分别通过吸收、反射或吸收-反射等方式将有害的辐射线除掉，使之不能进入眼部，达到保护目的。

对滤光片除上述的遮光能力要求外，在光学性质（平行度、屈光度）和颜色，耐紫外线照射的稳定性和强度等方面均应达到一定的标准。

护具的镜架或面罩应具有良好的耐热、耐燃烧和耐腐蚀性能，以满足焊接作业高温环境的要求。

（三）防有害液体飞溅眼面部护具

防有害液体的眼面部护具，主要用来防止酸、碱等液体及其他危险液体或化学药品对眼面部的伤害。护具应采用耐腐蚀的材料制成，透光部分的镜片可采用普通玻璃制作。

（四）防烟、尘眼面部护具

防烟、尘眼面部护具，主要用来防止灰尘、烟雾和有毒气体对眼面部的伤害。

这种护具对眼部的防护必须严密封闭，以防灰尘、烟雾或毒气侵入眼部。当需要同时对呼吸道进行防护时，可与防尘口罩或防毒口罩一起使用，也可以采用防毒面具。

二、防触电的绝缘手套和绝缘鞋

为了防止触电，在电气作业和操作手持电动工具时，必须戴橡胶手套或穿上带橡胶底的绝缘鞋。橡胶手套和橡胶底鞋的厚度应根据电压的高低来选择。

三、防尘的自吸过滤式口罩

防尘的自吸过滤式口罩在某些建筑工地经常使用。它主要是通过各种过滤材料制作的口罩，过滤被灰尘、有毒物质污染了的空气，净化后供人呼吸。

第八章　建筑施工安全生产保证

第一节　安全生产保证体系

安全管理包括两个“体系”：安全保证体系和安全监察体系。安全保证体系可分为安全生产保证体系、职业健康保证体系、文明施工保证体系、环境保护体系四个方面。这里主要介绍的是建筑施工现场安全生产保证体系。

施工现场安全生产保证体系对安全与健康管理提出要求，提供一个系统化的管理过程。它根据施工现场安全生产各项管理活动的内在联系和运行规律、归纳出一系列体系要素，并将离散无序的活动置于一个统一有序的整体中来考虑，使得体系更便于操作和评价。

一、要求（要素）

（一）要素组成

安全生产保证体系的建立，应涉及项目部的所有部门和全体职工，见表 8-1，工程项目部建立以项目经理为现场安全保证体系第一责任人。机构中对从事安全管理、执行、检查监督人员的职员权利，安全生产保证体系中的有关文件应予明确，特别是独立行使权力开展工作的管理人员职责和权限的规定，安全体系运行中各个管理要素的接口工作相互之间明确，并形成必要的文件。

表 8-1　工程项目部安全生产保证体系要素及职能分配表

编号	安全生产保证体系要素	项目经理	项目副经理	项目工程师	项目经济师	综合办	经营部门	施工部门	技术部门	安全部门	材料部门	劳资部门	宣教部门	保卫部门
1	管理职责	★	★	★		●		●	●	●			●	
2	安全体系	★		★				▲	●	●				▲
3	采购（安全设施所需的材料、设备及防护用品）				★					▲	●			
4	分包方控制	★	★	★	★	▲		▲		▲	▲	●		
5	施工现场安全控制		★					▲	●	●				
6	检查、检验和标志							▲	▲	●				
7	事故隐患控制							●	●	●				
8	纠正与预防措施							▲	●	●				
9	教育与培训					●				●			●	
10	安全记录										●			
11	内部安全审核			★	▲	▲	▲	▲	●	●	▲	▲	▲	▲

注：★主管领导；●主管部门（个人）；▲相关部门（个人）。

这 11 个安全体系要素可分解为 44 个二级要素。这些要素描述了施工现场安全生产保证体系建立、实施并且保持的过程。

（二）基本要求

1. 管理组织

①拟定落实安全管理目标，制订安全保证计划，根据保证计划的要求落实资源的配置；②负责安全体系实施过程中的运行监督和运行一个阶段后对安全保证体系的检查；③对安全生产保证体系运行过程中，出现不符合要素的要求（即不合格）、施工中存在的事故隐患，应制定纠正和预防措施，以及对上述措施的复查工作。

2. 资源

①参与施工的人员都须经过培训后上岗。管理人员必须按建设系统“十一大员（资料

员、材料员、预算员、试验员、质检员、安全员、施工员、机械员、劳资员、计划员、统计员）”培训要求做到持证上岗，特种作业人员必须经劳动部门培训考核合格后持证上岗，一般施工人员也须经过技能培训，取得上岗资格证；②采用先进、可靠的施工安全技术，作业过程中配置各类安全防护设施；③临时安全用电技术及防触电措施、消防器材及设施，应按防火规定的要求配置；④各类建筑施工机械的安全装置齐全、有效；⑤配备安全检测工具。如测定扣件螺栓紧固程度的力矩扳子、接地电阻测试仪、兆欧表、风速仪、声级计、测试照明度等；⑥工程项目部对劳动保护、安全防护措施，落实必要的经费。

二、基本结构

安全保证体系结构主要包括安全生产保证机构和人员、安全生产责任制度、安全生产资源。

（一）安全生产保证机构和人员

1. 安全生产保证机构

安全生产保证机构在安全管理组织构成中，主要对安全生产的正常运行起支持作用，它的基本组成及职责、各部分之间的关系。

2. 安全生产保证岗位人员

在安全生产保证体系中，各岗位要配备适当人员，并赋予相应职责和权限，从而确保体系正常运行。

（二）安全生产保证的资源

安全生产保证资源主要包括人力资源、安全物资和安全生产资金。

1. 人力资源

人力资源包括配置专职安全生产管理人员、工程技术人员、操作工人及安全教育培训投入等。

（1）安全生产管理人员

根据《建设工程安全生产管理条例》规定，施工单位应配备专职安全生产管理人员。其主要职责是负责安全生产，并进行现场监督检查；发现安全事故隐患，应当及时向项目负责人和安全生产管理机构报告；对违章指挥、违章作业的，应当立即制止。

根据《建筑施工企业安全生产管理机构设置及专职安全生产管理人员配备办法》的要求，项目经理部应建立以项目经理为组长的安全生产管理小组，按工程规模设安全生产管理机构或配专职安全生产管理人员（由施工企业委派）。该办法对人员配备数量做了具体规定。

（2）工程技术人员

从本质上讲，技术工作和安全工作是紧密相连的。工程技术工作的全过程中都含有安全工作。施工质量的好坏直接影响着安全生产的质量。当产品（半成品）质量缺陷小的时候，就表现为不合格产品（半成品）或出现质量事故，当产品（半成品）质量缺陷增大或累积叠加到一定程度时，就会质变为安全隐患，甚至酿成安全事故。

工程技术人员直接组织生产、检查生产质量，一定要时刻注意安全，结合现场实际，用科学的方法指导生产、控制质量和安全，杜绝违章指挥、消除违章作业，为企业创造更好的社会效益和经济效益。

优化施工计划和施工技术方案。加强对施工方案和施工安全技术措施的落实力度。认真组织专业性安全检查和不定期的特种检查。

（3）操作工人

作为行使安全行为主体的工人，在企业安全生产中发挥着至关重要的作用。

①提高工人的安全素质是做好安全生产的关键

企业工人的安全文化是企业安全生产水平和保障程度的最基本元素。工人的安全素质，主要来源于管理者的指引和工人本身的工作经验。最根本的体现是识别危险源、减少或消除危险因素、事故的应急处理方法等预防性思想行为。管理者应积极鼓励技术经验丰富和安全意识强的工人带动“新手”，只有这样才能让“新手”更贴切地掌握第一线最基本的东西。工人入场“三级安全教育”做到位，让工人充分认识到安全的重要性。工人应对自己的工作环境中有哪些不安全因素有全面而细致的了解，并能够对可能发生事故正确的处理。

②提高员工的安全文化素质是预防事故的最根本措施

企业工人的安全文化素质包括多方面：一是在安全需求方面，要有较高的个人安全需求，珍惜生命、爱护健康，能主动离开非常危险和尘毒严重的场所；二是在安全意识方面，要有较强的安全生产意识，遵守“安全第一，预防为主”的安全生产方针；三是在安全知识方面，要有较多的安全技术和安全操作规程知识；四是在安全技能方面，有较熟练的安全操作能力；五是在遵章守纪方面，能自觉遵守有关安全生产法规制度，并长年坚持；六是应急方面的能力。

③让工人掌握安全生产技术知识是提高安全生产的基础

安全生产离不开技术，生产技术知识是人类在征服自然的斗争所积累起来的知识、技能和经验。工人必须通过学习去掌握这些生产技术知识，才能保证生产的安全性。

④工人安全生产技能的表现在于积累

安全生产技能包括作业技能、熟练掌握作业安全装置设施的技能，以及在应急情况下进行妥善处理的技能。要具备这些技能，要求员工有一定的生产实践和锻炼积累。

2. 安全物资

为防止假冒、伪劣或存在质量缺陷的安全物资流入施工现场造成安全隐患，项目经理部应对安全物资供应单位的评价和选择、供货合同条款约定、进场安全物资的验收，做出具体规定并组织实施。

工程施工过程中应加强安全物资的维修保养等管理工作。

3. 安全生产资金

《安全生产法》将安全投入列为保障安全生产的必要条件之一，从三个方面做出严格的规定。

①生产经营单位安全投入的。安全生产法》第十八条规定：生产经营单位应当具备的安全生产条件所必需的资金投入。施工现场安全生产资金主要包括：施工安全防护用具及设施的采购和更新的资金、安全施工措施的资金、改善安全生产条件的资金、安全教育培训的资金、事故应急措施的资金；②安全投入的决策和保障。《安全生产法》根据不同生产经营单位安全投入的决策主体的不同，分别规定：按照《公司法》成立的公司制生产经营单位，由其决策机构董事会决定安全投入的资金；非公司制生产经营单位，由其主要负责人决定安全投入的资金；个人投资并由他人管理的生产经营单位，由其投资人即股东决定安全投入的资金。项目经理部制定安全生产资金保障制度，落实和管理好安全生产资金。安全生产资金保障制度是指施工单位对安全生产资金必须用于施工安全防护用具及设施的采购和更新、安全施工措施的落实，安全生产条件的改善等。工程项目负责人对列入建设工程概算的安全作业环境及安全施工措施所需费用，必须用于施工安全生产，不得挪作他用；③安全投入不足的法律责任。进行必要的安全生产资金投入，是生产经营单位的法定义务。由于安全生产所需资金不足导致的后果，即有安全生产违法行为或者发生生产安全事故的，安全投入的决策主体将要承担相应的法律责任。

三、体系建立的程序

建立安全生产保证体系是项目经理部的基本任务。建立和实施体系是一个规范的有计划的系统性工作过程，一般程序可分为以下三个阶段：

（一）前期与策划阶段

1. 教育培训，统一认识

安全生产保证体系的建立和完善的过程，是始于教育、终于教育的过程，也是提高认识和统一认识的过程。要分层次、循序渐进地进行教育培训。

（1）管理层

全面接受施工现场安全生产保证体系规范有关内容的培训，方法上可以采取讲解与研讨结合，理论与实际结合。

（2）操作层

培训本岗位安全活动有关内容，包括在施工作业中应承担的安全和环保任务和权限，以及造成安全和环保过失应承担的责任等。

2. 拟订计划，组织落实

（1）领导小组由项目经理部负责人任组长，负责安全生产保证体系建立过程中重大问题的决策和组织协调，如体系建设的总体规划，制定安全目标，提供人、财、物的支持等。

（2）工作小组由项目经理部主要部门（岗位）人员组成，应具有开展相关工作的知识和技能。在领导小组指导下，开展安全生产保证体系建立过程中涉及施工现场范围内的具体工作，如组织宣传教育、体系策划、体系文件的编制汇总等。

（二）文件化阶段

主要工作是按照相关的法律法规、标准规范和其他要求编制安全生产保证体系文件。建筑安全生产保证体系文件，包括安全保证计划、工程项目所属上级制定的各类安全管理标准、相关的国家、行业或地方法律法规文件、各类记录（施工中的作业交底文本、安全记录、报告）、报表和台账。

1. 体系文件编制的范围

制定安全目标：制定安全目标要根据党和国家的方针政策、上级下达的指标，结合环境因素及历史和现实，制定一个通过全体职工努力可以实现的安全总目标。这个安全目标，必须具备明确性、可行性、系统性、应变性。施工现场安全总目标一般包括：重大设备损坏和重大火灾事故率、现场职工工伤率等控制目标，现场安全管理达标等级和文明施工等基本目标；荣誉奖项（地市安全文明优秀工地、省安全文明优良工地、省安全文明示范工地、国家级安全文明优秀工地）的争创目标等。总目标制定后，要逐级提出分目标，通过目标的展开，明确划分各部门及个人的职责范围。分目标由下级提出后，必须经上级纵横协调，综合平衡后确定。

准备本企业制定的各类安全和环境管理标准，贯彻 ISO 9000 族标准、ISO 14000 系列标准或 GB/T 28000 系列标准的项目，可以在做出必要实施说明后，直接执行部分适用的质量、环境或职业健康安全体系程序文件，如采购、分包、培训、过程控制、检查考核、内审程序文件及其支持性文件等。准备国家、行业、地方的各类有关安全的法律法规和标准规范。编制项目经理部安全生产保证计划及相应的专项计划、专门方案、作业指导书等支持性文件。准备各类安全记录、报表和台账。

2. 体系文件编制内容

①安全生产保证体系的程序文件（为实施安全生产保证体系要素，所涉及各职能部门或个人的活动要求内容、安全保证计划、其他安全文件）；②施工现场安全、文明施工各项管理制度（由上级部门制定）；③承包责任制，要有明确的安全指标和包括奖惩在内的保证措施；④支持性文件（国家、行业及企业内的安全方面须执行的文件，如安全技术管

理手册、行业管理文件汇编和各种安全技术操作规程）。

3. 体系文件编制的过程

安全生产保证体系的文件编制，应在安全体系的策划和设计完成以后，再着手编制体系文件，必要时可交叉进行。体系文件应按分工不同，由归口负责的职能部门或个人分别制定，先提出草案再组织审核。安全生产保证体系文件要做到协调、统一，并按规定的安全体系要素，逐个开展各项安全活动（包括直接安全活动和间接安全活动），将安全职责分配落实到各个职能部门或个人。

由工作小组结合工程项目的实际和特点，在施工准备阶段，对需要建立的安全生产保证体系收集信息并提供依据，主要内容包括：识别与确定本项目适用的法律法规、标准规范和其他要求；识别、评价和确定本项目施工现场各类活动、产品、设施设备、场所所涉及的危险源和不利环境因素，特别是重大危险源和重大不利环境因素；审查与施工现场有关的安全和环境管理的运行程序、规章制度和作业指导书，评价其有效性。

根据上述调查分析结果，对本项目的安全生产保证体系进行总体设计，主要包括：制定安全目标和指标。根据我国“安全第一，预防为主”的安全方针，针对已识别的重大危险源和重大不利环境因素，制定具体的安全目标，可能时还须分解为可测量或量化的指标。确定组织机构和职能分配。对本项目管理职能进行分析，按合理分工、加强协作和赋予权限的原则，设置项目经理部部门（岗位），确定组织结构关系，并把施工现场安全生产保证体系规范中各个要素所涉及的职能逐一分配到部门（岗位）。确定对本项目已识别的危险源和不利环境因素的控制方法。编制管理方案。针对已识别和评价出的重大危险源和不利环境因素，以及相应的目标和指标要求及技术措施，编制相应的专项管理方案或安全措施计划。编制施工现场安全生产保证计划。对本项目如何具体贯彻施工现场安全生产保证体系规范的各个要素的要求，做出相应描述。

4. 体系文件编制的要求

应以适当的媒介（如纸或电子形式）建立并保持描述管理体系核心要素及其相互作用、提供查询相关文件的途径。重要的是，按有效性和效率要求使文件数量尽可能少。①项目安全目标应与企业的安全总目标、已识别的重大危险源和重大环境因素协调一致；②安全生产保证计划的编制，应根据工程项目的规模、结构、环境和施工风险等因素，进行安全策划；③制定切实可行的安全技术措施。如临时用电安全施工组织设计、大型机械的装拆施工方案、劳动保护技术措施要求和计划、危险部位和施工过程（特别是施工风险程度较大项目）应进行技术论证，采取相应的技术措施；④体系文件应经过自上而下、自下而上的多次反复讨论与协调，以提高编制工作的质量，并对安全生产责任制、安全生产保证计划的完整性和可行性、项目经理部满足安全生产和环境保护的保证能力等进行确认，建立并保存确认记录；⑤体系文件需要在体系运行过程中定期、不定期地评审和修改，必要时予以修订并由被授权人员确认，以确保其完善和持续有效；⑥文件和资料易于查找，凡对安全体系的有效运行具有关键作用的岗位，都可得到有关文件和资料的现行版本。及时将失效文件和资料从所有发放和使用场所撤回，或采取其他措施防止误用；⑦对出于法规和（或）保留信息的需要而留存的档案文件和资料，予以适当标志。

（三）运行阶段

1. 发布施工现场安全生产体系文件

有针对性地多层次开展宣传教育活动，使现场每个员工都能明确本部门（岗位）在实施中应做些什么工作，使用什么文件，如何依据文件要求开展这些工作，以及如何建立相应的安全记录等。

2. 配备资源

应保证适应工作需要的人力资源，适宜而充分的设施、设备以及综合考虑成本、效益和风险的财务预算。

3. 运行

体系要素通过合理的资源配置、职责分工以及对各个要素有计划、不间断的检查审核和持续改进，有序地、协调一致地处理体系的安全事务，从而形成螺旋上升循环、保持体系不断完善提高的过程。

4. 加强信息管理、日常安全监控和组织协调

通过全面、准确、及时地掌握安全管理信息，对安全和环保活动过程及结果进行连续的监视、测量和验证，以及对涉及体系的问题与矛盾进行协调，促进安全生产保证体系的正常运行和不断完善，是形成体系良性循环运行机制的必要条件。

5. 审核

经过一段时间的试运行，由项目经理部和企业按规定对施工现场安全生产保证体系运行进行内部审核，验证和确认安全生产保证体系的符合性、有效性和适宜性，重点是体系文件的完整性、符合性与一致性，以及体系功能的适用性和有效性。

6. 评估

通过内审暴露问题，组织制定并实施纠正措施，达到不断改进的目的。在内审的基础上，项目经理部应收集来自外部与内部各方面的信息，对运行阶段进行安全评估，即对体系整体状态做出全面的评判，对体系的适宜性和有效性做出评价。根据安全评估的结论，决定对体系是否须调整、修改，适当时可做出是否提出上级机构内审或认证申请。

第二节　安全保证文件

一、安全生产保证计划

（一）内容

根据工程项目的规模、结构、环境、承包性质、技术要求和施工风险程度等因素，进行施工安全生产策划。根据策划的结果编制安全保证计划。

①配备必要的设施、装备和专业人员，确定控制和检查的手段、措施。针对施工现场规模大小、进度、施工人数来制定安全检查的次数。明确安全防护设施的搭设部位、数量、时间。②确定整个施工过程中应执行的文件、规范、标准。如脚手架、高空作业、机械作业、临时用电、动用明火、深基础施工、爆破作业等工程，作业前按具体要求做好有针对性的安全技术措施和进行书面交底。③确定冬季、雨季、雪天施工的安全技术措施，以及夏季的防暑降温及卫生防疫方案。④确定危险部位或过程。对风险较大和专业性较强的工程项目进行安全论证，同时采取相适应的安全技术措施，并取得有关部门的确认。⑤做出因本工程项目的特殊性而需要补充的安全操作规定。如电动升降吊篮的操作、整体式提升脚手架升降的操作、新工艺等，都要做好补充规定。⑥选择或制定施工各阶段有针对性的安全技术交底文件。主要针对施工过程中的分部分项工程情况，从现有的安全操作技术规程的交底文本中，选择有针对性的条款作为交底资料，也可按行业或企业上级部门制定的安全操作技术规程进行交底。⑦制定安全记录的表式，确定收集整理和记录各种安全活动的人员和职责。所使用的表式，可采用当地行业主管部门下发的统一形式；不能满足记录需要时，要确定补充表式的使用项目、内容及相应的标志。

（二）确认

安全保证计划在实施前，必须经工程项目部的上级机构确认。确认的要求有：①项目部上级主管部门有关负责人主持，执行计划的项目部负责人及相关部门参与。②确认保证计划的完整性，和制定的措施、方法在实际施工中的可行性。③各级安全生产岗位责任制完善性和可操作性。④与保证计划不一致的事宜都应得到解决。包括控制手段、措施、采用的施工技术等是否与安全计划保持一致等。⑤项目部有满足安全保证的能力。主要指机构设置的合理性，管理人员与其相担任工作的资格、资历，施工生产中的机械设备、安全设施的可靠性，都需要进行评价。⑥记录并保存确认过程。⑦批准通过的安全保证计划，应送上级主管部门备案。

二、安全施工组织设计

（一）概念

1. 施工组织设计

根据工程建设任务的要求，研究施工条件、制订施工方案用以指导施工的技术经济文件。它是施工技术与施工项目管理有机结合的产物，是用以组织工程施工的指导性文件和工程施工的总纲领。在工程设计阶段和工程施工阶段分别由设计、施工单位负责编制。

它体现了实现基本建设计划和设计的要求，提供了各阶段的施工准备工作内容，协调施工过程中各施工单位、各施工工种、各项资源之间的相互关系。

2. 安全施工组织设计

安全施工组织设计是在施工组织设计的框架上，从技术角度编制得比较详细的安全生产方面的技术文件。

依据工程施工组织设计编制本项目的安全施工组织设计，在此基础上对那些施工工艺复杂、专业性强的项目进一步编制专项安全施工技术措施、方案，为安全生产打下坚实基础。安全技术措施是安全施工组织设计的重要组成部分，是安全生产的技术性概括。

3. 施工组织设计与安全施工组织设计的关系

工程施工组织设计和安全施工组织设计，从表面上看，无论从施工上还是内容上，都有很多关联之处，可它又是包括不同内涵的两个文件，在实际施工过程中还是分为两个文件较为可行。因此，所有建设工程除了编制施工组织设计外，还必须编写安全施工组织设计；而对工程较大、施工工艺复杂、专业性很强的施工项目，还必须进一步编写专项安全施工方案。安全技术措施或专项施工方案，应符合工程建设强制性标准。

4. 安全施工组织设计的编制原则

安全施工组织设计编制，应根据施工规范和建设工程施工安全规程的要求进行，对工程特点、工程结构、施工环境、作业条件、使用材料、机具、设备的情况等综合因素进行全面考虑，分别从管理、技术和防护设施等方面分析，为消除不安全因素、预防事故发生，采用适当的施工方案来保证工程施工安全。

（二）编写内容

安全施工组织设计文件的基本内容，包括编制依据、工程概况、控制程序、控制目标、组织结构、职责权限、安全管理制度及方法、危险性较大的分部分项工程专项施工方案、安全技术措施、应急预案等。

1. 编制依据

安全施工组织设计应以下列内容作为编制依据：①与工程建设安全生产有关的法律、法规和文件；②国家现行安全生产有关的施工技术规范、行业现行安全生产有关的施工技术规范及标准、与安全生产有关的地方标准；③工程所在地区行政主管部门的批准文件，建设单位对施工的要求；④工程施工合同或招标投标文件，工程设计文件（建筑、结构、电气、给排水、人防等施工图纸）；⑤施工组织总设计（工程施工范围内的现场条件，工程地质及水文地质、气象等自然条件，与工程有关的资源供应情况，施工企业的生产能力、机具设备状况、技术水平等）；⑥安全资料及图集。在编制过程中，特别要注意避免以下问题：①没有体现出编制依据、缺乏编制依据，针对性不强；②编制依据的有关文件已经过期作废；③把一些常规经验或没有经过论证的技术方法作为编制依据；④中小项目照搬现成模块。

2. 工程概况

（1）建设责任方

一般包括设计、勘察、建设、项目管理、监理、总承包、主要分包等单位和监督部门。

（2）工程总体概况

①工程建筑设计概况

建筑功能（地理位置、用途、主要尺寸）、建筑等级（工程结构安全、抗震设防）、建筑面积（总建筑面积、地上地下建筑面积）、建筑层数及层高（地上、地下）、室内外装修（顶棚、楼地面、内墙、门窗、楼梯间、公用部分、屋面、外墙面）、建筑防水（地下、屋面、卫生间）、建筑保温（内外墙、屋面）。

②工程结构设计概况

地质情况、地基承载力、基础形式、结构体系、设计要求、混凝土强度设计（基础、墙、柱、梁、板、过梁、构造柱、其他构件）、结构设计要求的环境类别、混凝土保护层、钢筋（规格、直径、类别、连接方式）、结构断面尺寸（筏板厚度、防水底板厚度、外墙厚度、内墙厚度、楼板厚度、梁柱截面）等。

（3）建设地点及环境特征

主要包括建筑物位置、工程所在地的地形和地质、地下水位、年平均气温、冬雨期的时间、历年的主导风向、地震烈度等情况。

（4）工程特点

①设计特征

主要介绍工程设计图纸的情况，特别是设计中是否采用了新结构、新技术、新工艺、新材料等内容，提出施工的重点和难点。

②工程特征

不同类型的建筑、不同条件下的工程施工，均有不同的安全生产特点。

③环境特征

有些工程所处的环境为闹市区，人流、车流量大，有些工程地基状况不良、地下水位高等特殊环境，必须在安全文明施工组织设计中予以重点考虑。

④工期特征

有些工程对工期要求十分紧迫，需要组织抢工、夜间施工等，容易发生安全事故和施工扰民，安全文明施工组织难度大。

⑤季节特征

有些工程施工要经历冬、雨期、强台风、沙尘暴、酷热天气等恶劣气候，可能发生自然灾害，产生重大安全隐患。

（5）施工条件

施工现场的水、电、气等资源供应及来源，管道布设和线路架设情况及要求。道路状况，车辆通行和人员交通出入，消防要求，材料设备的运输情况。现场材料、成品，半成品的采购、加工、制作、安装情况。施工现场周边对安全防护和文明施工的要求，安全设施和费用的投入。

（6）施工部署

包括工程的质量、进度、成本及安全文明目标，拟投入的最高人数和平均人数，主要资源供应，施工程序，施工管理总体安排。

（7）工期安排

包括工程开工日期、工程竣工日期、工期控制节点。

（8）特殊要求

主要可能有特殊技术与工艺、特殊施工部位、特殊材料与机械、施工特殊要求等方面。

（9）安全计划

①确定安全目标、组织结构；②确定控制目标、过程控制要求和程序；③制定安全技术措施、配备必要资源；④检查评价，确保安全目标的实现。

3.施工安全保证措施

①安全生产措施：安全生产保证措施、消防安全管理措施、治安保卫管理措施；②安全生产保障体系：安全管理保证体系表、各部门安全责任制；③安全、文明措施费用计划。

4.危险性较大的分部分项专项方案

危险性较大的分部分项工程，是指建筑工程在施工过程中存在的、可能导致作业人员群死群伤或造成重大不良社会影响的分部分项工程，见表 8-2。

表 8-2　危险性较大的分部分项工程范围

序号	分部分项	范围
1	基坑支护、降水工程	开挖深度超过 3m（含 3m）或虽未超过 3m 但地质条件和周边环境复杂的基坑（槽）支护、降水工程
2	土方开挖工程	开挖深度超过 3m（含 3m）的基坑（槽）的土方开挖工程
3	模板工程及支撑体系	各类工具式模板工程，包括大模板、滑模、爬模、飞模等工程
4		包括搭设高度 5m 及以上、搭设跨度 10m 及以上、施工总荷载 $10kN/m^2$ 及以上、集中线荷载 $15kN/m^2$ 及以上、高度大于支撑水平投影宽度且相对独立无联系构件的混凝土模板支撑工程
5		承重支撑体系，指用于钢结构安装等满堂支撑体系
6	起重吊装及安装拆卸工程	采用非常规起重设备、方法，且单件起吊重量在 10kN 及以上的起重吊装工程
7		采用起重机械进行安装的工程
8		起重机械设备自身的安装、拆卸
9	脚手架工程	搭设高度 24m 及以上的落地式钢管脚手架工程
10		附着式整体和分片提升脚手架工程
11		悬挑式脚手架工程
12		吊篮脚手架工程
13		自制卸料平台、移动操作平台工程
14		新型及异型脚手架工程
15	拆除、爆破工程	建筑物、构筑物拆除工程
16		采用爆破拆除的工程
17	其他	建筑幕墙安装工程
18		钢结构、网架和索膜结构安装工程
19		人工挖扩孔桩工程
20		地下暗挖、顶管及水下作业工程
21		预应力工程
22		采用新技术、新工艺、新材料、新设备及尚无相关技术标准的危险性较大的分部分项工程

表 8-3　超过一定规模的危险性较大的分部分项工程范围

序号	分部分项	范围
1	深基坑工程	开挖深度超过 5m（含 5m）的基坑（槽）的土方开挖、支护、降水工程
2		开挖深度虽未超过 5m，但地质条件、周围环境和地下管线复杂，或影响毗邻建筑（构筑）物安全的基坑（槽）的土方开挖、支护、降水工程
3	模板工程及支撑体系	工具式模板工程，包括滑模、爬模、飞模工程
4		包括措设高度 8m 及以上、搭设跨度 18m 及以上、集中线荷载 20kN/m^2 及以上的混凝土模板支撑工程
5		承重支撑体系：用于钢结构安装等满堂支撑体系，承受单点集中荷裁 700kg 以上
6	起重吊装及安装拆卸工程	采用非常规起重设备、方法，且单件起吊重量在 100kN 及以上的起重吊装工程
7		起重量 300kN 及以上的起重设备安装工程；高度 200m 及以上内爬起重设备的拆除工程
8	脚手架工程	搭设高度 50m 及以上落地式钢管脚手架工程
9		提升高度 150m 及以上附着式整体和分片提升脚手架工程
10		架体高度 20m 及以上悬挑式脚手架工程
11		采用爆破拆除的工程
12	拆除、爆破工程	码头、桥梁、高架、烟囱、水塔，或拆除中容易引起有毒有害气（液）体或粉尘扩散、易燃易爆事故发生的特殊建、构筑物的拆除工程
13		能影响行人、交通、电力设施、通信设施或其他建、构筑物安全的拆除工程
I4	其他	文物保护建筑、优秀历史建筑或历史文化风貌区控制范围的拆除工程
15		施工高度 50m 及以上的建筑幕墙安装工程
16		跨度 36m 及以上的钢结构安装工程；跨度 60m 及以上的网架和索膜结构安装工程
17		挖孔深度超过 16m 的人工挖孔桩工程
18		地下暗挖工程、顶管工程、水下作业工程
19		采用新技术、新工艺、新材料、新设备及尚无相关技术标准的危险性较大的分部分项工程

施工单位应当在危险性较大的分部分项工程施工前编制专项方案。危险性较大的分部分项工程安全专项施工方案（以下简称“专项方案”），是指施工单位在编制施工组织（总）设计的基础上，针对危险性较大的分部分项工程单独编制的安全技术措施文件。

对于超过一定规模的危险性较大的分部分项工程（见表 8-3），施工单位应当组织专家对专项方案进行论证。

分部分项工程专项方案的具体内容，可参考下列主要要求：①土方开挖、回填及支护方案。工程概况、土方开挖、边坡放坡、基坑支护及防护安全计算、基坑降水、边坡监测、回填土、应急措施、挖土安全技术措施、回填土施工的注意事项、季节性施工、基坑支护施工图；②基础工程专项方案。工程概况、编制依据、技术准备、生产准备、主要施工方法、雨期施工、质量标准、安全防护措施；③现场临时用电专项方案。现场临时用电编制依据、工程概况及特点、现场临时用电方案、负荷计算、安全用电防护措施、安全用电组织措施、电气安全防火措施；④模板工程方案。工程概况、支模方法、模板及支架设计的验算、保证支模质量的技术措施、模板工程的安装验收、模板施工的安全技术、拆模的安全技术、混凝土成品保护；⑤脚手架专项方案。工程概况、脚手架选型、脚手架工程施工安全计算、施工准备、脚手架的搭设、脚手架的检查与验收、脚手架的拆除、脚手架安全管理规定、文明施工要求；⑥起重机械设备专项方案。塔吊、施工电梯施工，垂直运输工程施工安全计算；⑦卸料平台专项方案。概况、材料要求、搭设方法、平台使用及拆除、安全技术验算、附图；⑧施工机具专项方案。劳动部署、材料部署、机具部署、机具防护；⑨预防高空坠落专项方案。工程概况、编制依据、安全施工措施、文明施工要求；⑩文明施工管理措施；⑪ 环境保护专项方案编制依据、工程概况、施工现场环保工作制度、施工现场环保工作措施；⑫ 季节性施工专项方案。雨季施工技术措施、冬季施工技术措施；⑬ 消防安全专项方案工程概况、消防安全管理目标、消防安全管理组织、防火消防安全制度和措施、防火器材的配置、消防安全控制重点项目、安全应急小组；⑭ 施工现场各项应急预案。触电应急预案、大型机械设备倒塌应急预案、防台防汛应急预案、高空坠落应急预案、火灾应急预案、基坑坍塌应急预案、脚手架整体倒塌应急预案、模板整体倒塌应急预案、食物中毒应急预案、有毒气体中毒应急预案、突发性停电应急预案。

三、专项安全施工方案

（一）专项安全施工方案的编制

1. 专项安全施工方案内容

专项安全施工方案应包括工程概况、编制依据、施工计划、施工工艺技术、施工安全保护措施、检查验收标准、计算书及附图等。

专项安全施工方案的编制还要符合以下规定：①建筑施工企业应根据工程规模、施工难度等要素，明确各管理层方案编制、审核、审批的权限；②专业分包工程，应先由专业承包单位编制，专业承包单位技术负责人审批后报总包单位审核备案；③经过审批或论证的方案，不准随意变更修改。确实出于客观原因须修改时，应按原审核、审批的分工与程序办理。

2. 专项方案的审核及论证

施工安全组织设计编制完，交总工程师审阅后呈上级主管部门审批方可执行。其中，专项方案的审核及论证应符合下列要求：

①专项方案应当由施工单位技术部门组织本单位施工技术、安全、质量等部门的专业技术人员进行审核。经审核合格的，由施工单位技术负责人签字；实行施工总承包的，专项方案应当由总承包单位技术负责人、相关专业分包单位技术负责人签字；②超过一定规模的危险性较大的分部分项工程专项方案，应当由施工单位组织召开专家论证会；实行施工总承包的，由施工总承包单位组织召开专家论证会；③专项方案经论证后，专家组应当提交论证报告，对论证的内容提出明确的意见，并在论证报告上签字。该报告作为专项方案修改完善的指导意见；④施工单位应当根据论证报告修改完善专项方案，并经施工单位技术负责人（实行施工总承包的，应当由施工总承包单位、相关专业分包单位技术负责人签字）、项目总监理工程师、建设单位项目负责人签字后，方可组织实施；⑤专项方案经论证后须做重大修改的，施工单位应当按照论证报告修改，并重新组织专家进行论证。施工单位应当严格按照专项方案组织施工，不得擅自修改、调整专项方案；⑥不需专家论证的专项方案，经施工单位审核合格后报监理单位，由项目总监理工程师审核签字；⑦专家论证会。专家组成员应当由五名及以上符合相关专业要求的专家组成。下列人员应当参加专家论证会：专家组成员、建设单位项目负责人或技术负责人、监理单位项目总监理工程师及相关人员、施工单位分管安全的负责人及技术负责人、项目负责人及项目技术负责人、专项方案编制人员、项目专职安全生产管理人员、勘察与设计单位项目技术负责人及相关人员。本项目参建各方的人员不得以专家身份参加专家论证会。

专家论证的主要内容：专项方案内容是否完整、可行；专项方案计算书和验算依据是否符合有关标准规范；安全施工的基本条件是否满足现场实际情况。

3. 专项安全施工方案实施

①专项方案实施前，编制人员或项目技术负责人应当向现场管理人员和作业人员进行安全技术交底；②施工单位应当指定专人，对专项方案实施情况进行现场监督和按规定进行监测。发现不按照专项方案施工的，应当要求其立即整改；发现有危及人身安全紧急情况的，应当立即组织作业人员撤离危险区域；③施工单位技术负责人应当定期巡查专项方案实施情况；④对于按规定需要验收的危险性较大的分部分项工程，施工单位、监理单位应当组织有关人员进行验收。验收合格的，经施工单位项目技术负责人及项目总监理工程师签字后，方可进入下一道工序。

（二）安全施工技术措施

安全技术措施是指企业单位为了防止工伤事故和职业病的危害，保护职工生命安全和身体健康，促进施工任务顺利完成，从技术上采取的措施。主要体现为在编制的安全施工组织设计或专项施工方案中，针对工程特点、施工方法、使用的机械、动力、设备及现场环境等具体条件，所制定的安全技术措施，以及各种设备、设施的安全技术装置等。

1. 基本要求

①坚决贯彻“安全第一，预防为主”的方针。在施工管理工作中始终要认真考虑安全施工问题，不给生产的安全留下隐患。从图纸会审、编制施工组织设计或施工方案开始，就要考虑安全施工；从选用的施工方法、施工机械、变配电设施、架设工具等，首先考虑的是能否保证安全施工。在确保安全施工的基础上，安排施工进度、改进施工方法、加强施工管理、提高经济效益；②安全技术措施必须有针对性。应根据有关规程的规定，结合以往施工的经验，参照以前的事故教训，有针对性地编制安全技术措施。

2. 注意事项

①针对不同工程的结构特点。它们可能形成安全施工的危害，对应地从技术上采取措施消除危险，保护施工安全；②针对施工工艺特点。如对应滑模施工、网架整体提升吊装等可能给施工带来的危险因素，应从技术措施、安全装置上加以控制等；③针对选用的各种机械、设备、变配电设施。它们可能给施工人员带来不安全因素，应从技术措施、安全装置上加以控制等；④针对工程采用材料的特点。一些特殊材料有害施工人员身体健康或有爆炸危险，应从使用技术、采购上采取保护措施，保证施工人员安全；⑤针对施工场地及周围环境。这些因素可能给施工人员或周围居民带来危害，材料、设备运输带来的困难和危害，从技术上采取措施，给予保护。

第三节　安全保证措施

一、安全标志

（一）标志种类

安全标志分为 4 类 103 个，其中，禁止类 40 个、警告类 39 个、指令类 16 个、提示类 8 个。

（二）标志的使用

1. 标志牌的型号选用

在型号选用时，主要根据观察者与标志牌之间的距离选择牌子的大小。标志牌的型号及对应尺寸，见表 8-4。

表 8-4 安全标志牌的尺寸

型号	观察距离 L/m	圆形标志的外径 /m	三角形标志的外边长 /m	正方形标志的边长 /m
1	0 ＜ L ≤ 2.5	0.070	0.088	0.063
2	2.5 ＜ L ≤ 4.0	0.110	0.142	0.100
3	4.0 ＜ L ≤ 6.3	0.175	0.220	0.160
4	6.3 ＜ L ≤ 10.0	0.280	0.350	0.250
5	10.0 ＜ L ≤ 216.0	0.450	0.560	0.400
6	16.0 ＜ L ≤ 25.0	0.700	0.880	0.630
7	25.0 ＜ L ≤ 240.0	1.110	1.400	1.000

①工地、工厂等的入口处设 6 型或 7 型；②车间入口处、厂区内和工地内设 5 型或 6 型；③车间内设 4 型或 5 型；④局部信息标志牌设 1 型、2 型或 3 型。

2. 标志牌的设置高度

标志牌设置的高度，应尽量与人眼的视线高度相一致。悬挂式和柱式的环境信息标志牌的下缘距地面的高度不宜小于 2m；局部信息标志的设置高度应视具体情况确定。

3. 标志牌的使用要求

①标志牌应设在与安全有关的醒目地方，并使大家看见后，有足够的时间来注意它所表示的内容。环境信息标志宜设在有关场所的入口处和醒目处；局部信息标志应设在所涉及的相应危险地点或设备（部件）附近的醒目处；②标志牌不应设在门、窗、架等可移动的物体上，以免标志牌随母体物体相应移动，影响认读。标志牌前不得放置妨碍认读的障碍物；③标志牌的平面与视线夹角应接近 90°，观察者位于最大观察距离时，最小夹角不低于 75°；④标志牌应设置在明亮的环境中；⑤多个标志牌在一起设置时，应按警告、禁止、指令、提示类型的顺序，先左后右、先上后下地排列；⑥标志牌的固定方式分附着式、悬挂式和柱式三种。悬挂式和附着式的固定应稳固不倾斜，柱式的标志牌和支架应牢

固地连接在一起。

4. 标志牌的检查与维修

①安全标志牌至少每半年检查一次，如发现有破损、变形、褪色等不符合要求时应及时修整或更换；②在修整或更换激光安全标志时应有临时的标志替换，以避免发生意外的伤害。

二、安全技术交底

（一）安全技术交底的编制

1. 编制要求

安全技术交底要依据安全施工组织设计中的安全措施，结合具体施工方法，根据现场的作业条件及环境，以书面形式编制出具有可操作性的、有针对性的、内容全面的安全技术交底材料。

2. 审批

安全技术交底必须由施工现场的施工技术人员编制，然后由公司的技术负责人负责审批，履行审批手续，并有审批签字。

（二）安全技术交底的交底要求

安全技术交底由工程技术人员组织有关施工管理人员及施工班组人员进行认真的交底，安全技术交底必须是以书面的形式进行，并要严格履行签字手续，交底人、接底人、安全监督人都要进行签字，交底人与接底人各留一份交底材料。

安全技术交底应采取分级交底制，并应符合下列规定：

1. 交底的双方

①危险性较大的工程开工前，新工艺、新技术、新设备应用前，企业的技术负责人及安全管理机构，向施工管理人员进行安全技术方案交底；②分部分项工程、关键工序实施前，项目技术负责人、安全员应会同方案编制人员、项目施工员，向参加施工的施工管理人员进行方案实施安全交底；③总承包单位向分包单位，分包单位向作业班组进行安全技术措施交底；④安全员及各管理员应对新进场的工人实施作业人员工种交底；⑤作业班组应对作业人员进行班前安全操作规程交底。

2. 交底注意事项

①安全技术交底与建筑工程施工技术交底要融为一体，不能分开。各工种安全技术交底一般同分部分项工程交底同时进行，如果工程项目的施工工艺很复杂、技术难度大、作业条件很危险，可单独进行工种交底，以引起操作者高度重视，避免安全事故的发生；②必须严格按照施工进度，在施工前进行交底。不得在施工过程中进行交底，也不得交底提前得过早，否则没有实际意义；③要按工程的不同特点和不同施工方法，针对施工现场和周围的环境，从防护、技术上，提出相应的安全措施和要求；④安全交底要全面、具体，针对性强，做到安全施工万无一失；⑤建筑机械安全技术交底，要向操作者交代机械的安全性能、安全操作规程和安全防护措施，并经常检查操作人员的交接班记录；⑥由施工技术人员编写并向施工班组及责任人交底时，安全员负责监督执行。

三、安全记录

（一）安全记录概念

安全工作记录是对我们所做的安全工作的反映，是可供日后进行追溯和查证的证据，为改进安全管理状态提供信息。

工程项目部应建立证明安全生产保证体系运行必需的安全记录，其中包括相关的台账、报表、原始记录等。

1. 作用

①可以为检查上级文件、方针的贯彻执行情况提供依据；②安全工作记录是一种监督，它督促我们按照安全文件、方针将安全工作管理做好、做细；③通过安全工作记录能够使我们发现平常安全管理中的不足，促进我们把安全工作做得更好；④对安全检查进行记录，总结安全生产中查找出来的各类隐患。它从另外一个侧面反映出班组的安全状况，为下一步加强管理、消除隐患提供了参考，使安全管理能更具针对性。

2. 记录与文件的区别

文件包括手册、程序、作业指导书、记录表单及其他形式的文件，主要用来管理和指导体系运行，告诉人们是什么、做什么、怎么做、何时做及为什么做等，故对其应予以控制。

记录是体系运行过程中留下的客观信息、数据以及某事件已经完成的证据，主要用来追溯体系的相关活动以及证明体系运行的符合性和有效性，故对记录应进行管理。

（二）安全记录种类

安全记录包括交接班记录、安全培训记录、设备检查检测记录、安全活动记录、各种登记台账（如材料、设备及防护用品的采购、检验、试验、不合格的处置记录）、安全检查记录、设备检修和维护记录、安全监测仪器校准和维护记录、事故和不合格事项的调查处理及跟踪记录、企业安全管理体系定期内部审核记录、预防措施记录、其他记录和各种报告、信息报表。

1. 安全日志

建筑工地实施安全日志制度，主要目的是进一步强化施工现场安全管理，充分发挥项目经理、工地安全员在安全管理中的能动性，增强安全生产工作的针对性和实效性。

（1）填写要求

安全日志按单位工程填写，由安全员进行记录；项目经理对安全员每日记录内容进行检查，并签署意见。记录时间从工程开工时起到竣工验收时止，逐日记载，不能中断。记录内容必须真实、完备。中途发生人员变动，应当办理交接手续，保持安全日志的连续性、完整性。

（2）填写内容

组织施工班组学习安全操作规程和企业安全生产规定，对工人进行安全技术和安全生产教育等情况；参与编制分项作业安全技术措施，组织并监督施工班组在分部分项工程施工前，向操作人员进行安全技术交底等情况；对进场的各种设备、安全设施及防护用具、消防用具进行安全检查和验收等情况；巡查施工班组、操作工人是否按照安全生产、文明施工管理办法及安全技术交底的要求进行作业，对发现的事故隐患及时处理，提出改进意见和纠正措施、督促整改，并对操作人员的违规行为做出处罚等情况；对违章指挥和违章作业，或遇到严重险情、发生重大事故等的处理情况；针对各级安全监督机构签发的隐患整改通知单，逐项落实“三定”（定整改责任人、定整改措施、定整改时间）措施情况。

2. 安全会议记录

安全会议可分为安全专题会议、安全例会、安全通风（报）会等。

一般会议记录的格式包括两部分：一部分是会议的组织情况，要求写明会议名称、时间、地点、出席人数、缺席人数、列席人数、主持人、记录人等；另一部分是会议的内容，要求写明发言、决议、问题，这是会议记录的核心部分。

对于发言内容的记录方法，一是详细具体地记录，尽量记录原话，主要用于比较重要的会议和重要的发言；二是摘要性记录，只记录会议要点和中心内容，多用于一般性会议。

会议结束，记录完毕，要另起一行写“散会”二字，如中途休会，要写明“休会”字样。

3. 安全检查

安全检查是施工现场安全工作的一项重要内容，是保护施工人员的人身安全，保护国家和集体财产不受损失，杜绝各类伤亡事故发生的一项主要施工措施，各施工现场、工程不论大小，都要建立定期或不定期的安全检查制度，并将检查情况予以记录、整改。

①根据不同的季节特点和施工进度，每周由工地安全领导小组组织进行有针对性的安全检查一至两次。项目部内做好施工安全检查记录；②施工现场要贯彻“五查”（查安全管理、查安全意识、查事故隐患、查整改措施、查安全技术资料）“三边”（边检查、边宣传、边整改）的原则；③施工现场要根据工程自检或各级检查提出的隐患整改通知单，按照“三定”整改原则，及时准确将整改内容认真落实，隐患整改完毕，做好书面记录；④每次检查的记录都要认真填写，并做好技术资料予以存档；⑤公司月检查、项目部周检查、项目负责人及安全管理人员每日巡回检查，记安全日记；⑥上级各部门检查所下达隐患整改通知单一律留存，并后附“三定”整改反馈资料。

4. 安全教育

安全教育记录主要包括安全教育与培训制度、职工安全教育培训花名册、职工安全教育档案（职工自然情况、新入厂工人三级安全教育记录、变换工种安全教育记录、特种作业人员安全教育记录、经常性安全教育记录）、施工管理人员年度培训考核记录。

（三）安全记录的管理

安全记录应完整及时，并延续到工程竣工。记录的表现形式根据需要，可以是纸张、光盘、照片、磁带等各种媒体形式。各级安全记录的主管部门（岗位）应定期检查安全记录的填写、标志、保存情况，并填写《安全记录检查表》。

1. 记录的收集和填写

安全记录由项目部安全资料员进行收集、整理并进行标志、编目和立卷。并符合国家、行业、地方和上级有关规定。

2. 记录的保存及归档

公司的安全记录由职能要素分配表的各主管部门保存，项目经理部的安全记录由各部门填写后交安全贯标员保存，施工现场的安全记录由各主管岗位人员填写后交安全员（资料员）保存，属工程资料归档的安全记录应随工程资料交公司档案室归档保存。

3. 记录的查（借）阅

①内部人员要查阅其他部门记录时，须经部门负责人批准；②外部人员一般不得借阅归档记录，特殊情况要查阅时，应经管理处分管领导批准。合同期内，业主及其代表有权查阅，但要办理登记手续；③借阅记录时，不得涂改、损坏或丢失，并应在规定日期内归还；④查（借）阅者阅后归还，并办理归还手续。

4. 记录的销毁处理

记录保存期限在记录清单中标明。到期后，确属失效的记录，由保管人填写《文件资料销毁登记表》，经公司总工程师批准后方可销毁。对已过保管期限的记录，按《档案管理办法》规定的程序销毁。

四、安全检查验收

（一）安全生产检查内容

安全生产检查，要针对易发生事故的主要环节、部位、工艺完成情况，通过全过程的动态监督检查，及时发现事故隐患、排除施工中的不安全因素、纠正违章作业、监督安全技术措施的执行、堵塞事故漏洞、防患于未然，从而不断改善劳动条件，防止工伤事故、设备事故和物损事故的发生。

安全生产检查主要是查制度、查机构设置、查安全设施、查安全教育培训、查操作规程、查劳保用品使用、查安全知识掌握情况和伤亡事故及处理情况等。

（二）检查程序

1. 人员组织

每次检查首先要组织好各部门的人员参加，按照检查的要求及规范、标准对施工现场进行全面检查。

2. 检查隐患

对查出的安全隐患做好记录，填写安全隐患整改通知书，详细进行填写，以书面的形式下发给有关人员。对重大隐患和随即将要发生事故的安全隐患，检查部门应立即责成被查单位采取强有力的措施进行整改，并按照有关法律程序及要求对有关责任单位（责任人）进行处理。

3. 检查整改

安全隐患找出以后，安全监督管理部门应确定相应的处理部门和人员，规定其职责和权限；应对隐患的整改期限给予限期，一般问题当天解决，重大问题限期(一般3～7天）解决。处理方式有：①停止使用、封存，做好标志，必要时派专人值班，防止误用。对性质严重的隐患都应这样做；②指定专人进行整改，以达到规定的要求；③进行返工，以达到规定的要求；④对有不安全行为的人员，先停止其作业或指挥，纠正违章行为，然后进行批评教育，情节严重的给以必要的处罚；⑤对不安全生产的过程，重新组织等。

施工企业应根据有关检查部门所下达的安全隐患整改通知单，组织有关部门和人员召开专项会议，研究整改方案，并做好详细的记录。对隐患整改要做到“三定”“一验收”，即定措施、定人员、定时间，整改完毕后要逐项验收。

4. 隐患处理后的复查验证

主要包括：①对存在隐患的安全设施、安全防护用品的整改措施落实情况，必要时由工程项目部安全部门组织有关专业人员对其进行复查验证，并做好记录。只有当险情排除、采取了可靠措施后，方可恢复使用或施工；②上级或政府行业主管部门提出的事故隐患通知，由工程项目部及时报告企业主管部门，同时制定措施、实施整改，自查合格报企业主管部门复查后，再报有关上级或政府行业主管部门销项。

5. 隐患整改报告

如果上级需要对安全隐患的整改进行复查，施工企业应针对安全隐患整改通知书上的安全隐患问题，逐一进行整改，填写安全隐患整改报告书，把隐患整改落实情况逐项写清楚，有相应的防范措施。报上级检查部门，然后由上级检查部门对安全隐患的整改情况进行检查验收。

五、安全宣传教育培训

安全生产教育主要分为三种类型：宣传、教育、培训。宣传使人信服，教育给人提供信息，培训力图传授技能。实际上它们之间无明显的区别，结合使用就能收到一定的教育效果。

（一）安全生产教育培训要求

1. 培训制度建设

建筑施工企业及其内部单位要设置安全教育培训部门，配备专、兼职的安全培训管理人员，负责制订本单位的职工安全教育培训计划并组织实施。

（1）外部约束

企业和项目部安全评估考核、安全资格认证年审、年度责任目标完成考核以及企业和项目经理任职资格审查考核，都与安全教育培训对接，实行一票否决。

（2）内部控制

建立职工安全教育培训档案，对培训人员的安全素质进行跟踪和综合评估，在招收员工时与历史数据进行比对，比对的结果可以作为是否录用的重要依据。培训档案应具备以下功能：个人培训档案录入和查询、个人安全素质评价、企业安全教育与培训综合评价。

2. 培训对象和时间

（1）培训对象

培训对象主要分为管理人员、特殊工种人员、一般性操作工人。包括三级教育、变换工种教育、特殊工种安全教育、经常性安全教育等。

（2）培训的时间

建筑施工企业从业人员每年应接受一次专门的安全培训，可分为定期（如管理人员和特殊工种人员的年度培训）和不定期培训（如一般性操作工人的安全基础知识培训、企业安全生产规章制度和操作规程培训、分阶段的危险源专项培训等）。

3. 培训经费

安全教育和培训计划还应对培训的经费做出概算，这也是确保安全教育和培训计划实施的物质保障。

政府可以尝试强制增加安全培训投入费用比例。企业应把培训经费用于积极参与和选送业务骨干参加培训，或去优秀施工企业的工地进行现场参观学习，进行技术交流，不断更新知识，学习和借鉴他人的安全生产管理先进理念和先进管理经验。工人本身的素质偏低，增加培训课时会提高他们的安全技术的掌握程度。

4. 培训师资

培训机构应邀请高层次专家、名校教授到培训班来授课、交流、举办讲座。

（二）安全生产教育培训内容

1. 通用安全知识培训

①法律法规的培训，企业在对使用的法律法规适用条款做出评价后，应开展法律法规的专门培训；②安全基础知识培训；③建筑施工主要安全标准、企业安全生产规章制度和操作规程培训，同行业或本企业历史事故的培训。

2. 专项安全知识培训

①岗位安全培训施工现场不论是管理岗位还是操作岗位，都要进行相应的安全知识培训，对特殊作业岗位还要通过考核取得相应资质。一般要做好上新岗、转岗、重新上岗等各个环节的培训；②分阶段的危险源专项培训项目危险源的识别与分阶段专项安全教育，是搞好建筑施工企业安全生产关键的一个环节。分阶段的专项培训主要按建筑工程的施工程序（作业活动）来进行分类，一般分为基础阶段、主体阶段、装饰装修阶段、退场阶段。

首先在工程开工前针对作业流程和分类对整个项目涉及的危险源进行评价，确定重大危险源和一般危险源，并制定重大危险源的控制方案和一般危险源的控制措施，针对重大危险源和一般危险源的分布制订培训计划。

3. 施工现场常用几种安全教育形式及内容

（1）新工人三级安全教育

新工人三级安全教育是企业必须坚持的安全生产基本教育制度。对新工人（包括新招收的合同工、临时工、学徒工、劳务工及实习和代培人员）都必须进行公司、项目、班组的三级安全教育。三级安全教育一般由安全、教育和劳资等部门配合组织进行，经教育考试合格者才准许进入生产岗位，不合格者必须补课、补考。要建立档案、职工安全生产教育卡等。新工人工作一个阶段后还应进行重复性的安全再教育，以加深安全的感性和理性认识。

公司进行安全基本知识、法规、法制教育：包括党和国家的安全生产方针；安全生产法规、标准和法制观念；本单位施工（生产）过程及安全生产规章制度、安全纪律；本单位安全生产的形势及历史上发生和重大事故及应吸取的教训；发生事故后如何抢救伤员、排险、保护现场和及时报告。

工程项目部进行现场规章制度和遵章守纪教育：包括项目部施工安全生产基本知识；本单位（包括施工、生产场地）安全生产制度、规定及安全注意事项；本工种的安全技术操作规程；机械设备、电气安全及高处作业安全基本知识；防毒、防尘、防火、防爆知识及紧急情况安全处置和安全疏散知识；防护用品发放标准及防护用具、用品使用的基本知识。

班组安全生产教育：由班组长主持进行，或由班组安全员及指定技术熟练、重视安全生产的老工人讲解，进行本工种岗位安全操作及班组安全制度、纪律教育。主要内容包括本班组作业特点及安全操作规程、班组安全生产活动制度及纪律、爱护和正确使用安全防护装置（设施）及个人劳动防护用品、本岗位易发生事故的不安全因素及防范对策、本岗位的作业环境及使用的机械设备、工具的安全要求。

（2）经常性教育

安全教育培训工作，必须做到经常化、制度化。经常性的安全教育，也就是通常所说的安全宣传活动，如国家的安全月、企业的“百日无事故安全活动”、班前安全教育活动等。通过看录像、图片，参观施工现场等，使安全教育的活动覆盖全员，贯穿施工全过程。

主要内容包括上级的劳动保护、安全生产法规及有关文件、指示，各部门、科室和每个职工的安全责任，遵章守纪，事故案例及教育和安全技术先进经验、革新成果等。采用新技术、新工艺、新设备、新材料和调换工作岗位时，要对操作人员进行新技术操作和新岗位的安全教育，未经教育不得上岗操作。班组应每周安排一次安全活动日，可利用班前和班后进行。其内容是：学习党、国家和上级主管部门及企业随时下发的安全生产规定文件和操作规程；回顾上周安全生产情况，提出下周安全生产要求；分析班组工人安全思想动态及现场安全生产形势，表扬好人好事和须吸取的教训。

（3）适时安全教育

根据建筑施工的生产特点，在五个环节要抓紧安全教育。五个环节包括：工程突击赶任务，往往不注意安全；工程接近收尾时，容易忽视安全；施工条件好时，容易麻痹；季节气候变化，外界不安全因素多；节假日前后，思想不稳定。

4. 培训内容的选择

培训中应根据不同培训对象选择不同的培训内容。

（1）对建筑施工企业负责人和项目经理的培训

主要内容是国家安全生产方针、政策、法律法规、标准和规范及重大伤亡事故分析。还要培训安全理论方面的知识，如安全人机学、安全心理学、安全经济学、安全文化和国外先进的安全管理理念等，提高他们对安全管理的认识和理解水平。

（2）对专职安全管理人员的培训

不仅要学习党和国家的安全生产方针政策、法律法规，还要重点学习安全生产技术标准和规范，危险源和安全隐患的确定方法，掌握检查、评定、分析和提出整改措施的方法。

（3）对施工现场作业人员的培训

除国家安全生产方针政策、法律法规外，要重点学习安全常识和本工种操作规程、事故案例、应急救援措施等。

对从事特种作业的人员，要重点学习建筑施工企业所涉及的法规条款、强制条文、验收标准及安全技术、安全操作规程等专业知识，加强解决问题的能力。

（三）安全生产教育培训方式

1. 培训形式

安全生产教育的方式方法是多种多样的，安全活动日、班前班后安全会、安全会议、讲课以及座谈、安全知识考核、安全技术报告交流、开展安全竞赛及安全日活动、事故现场会、安全教育陈列室、安全卫生展览、宣传挂图、安全教育电影、电视以及幻灯片、宣传栏、警示牌、横幅标语、宣传画、安全操作规程牌、黑板报、简报等，都是进行经常性安全教育的方法。

（1）集中进行课堂培训

进行电化声像教育，组织职工观看违规违章存在重大事故隐患现场录像，结合事故案例讲评分析违章指挥、违章操作、违反劳动纪律的危害性，并同时播放规范标准作业录像进行强化对比教育。

（2）有针对性的对比教育

组织各类安全会议、安全活动日、现场的技能专项学习，进行现场观摩讲析、查隐患找原因，提出整改措施。

（3）班前班后安全活动

这种活动作为安全教育与培训的重要补充，应予以充分重视。班组成员通过了解当日存在的危险源及采取的相应措施，作为自己在施工时的指南，当天作业完后由班组长牵头对所属工人进行安全施工安全讲评。

2. 培训形式的选择原则

一般可根据职工文化程度的不同，采用不同的方式方法。力求做到切实有效，使职工受到较好的安全教育。

（1）对象是管理人员

他们一般具有丰富的实践经验，在某些问题上的见解，不一定不如某些培训教师。因此，应积极研究和推广交互式教学等现代培训方法。

（2）对象是一般性操作工人

针对操作人员的安全基础知识培训，应遵循易懂、易记、易操作、趣味性的原则。建议采用发放图文并茂的安全知识小手册、播放安全教育多媒体教程的方式增加培训效果。

3. 培训手段

目前，安全教育和培训的教学方法，主要是沿袭传统的课堂教学方法，“教师讲，学员听”。从培训手段看，目前，多数还是“一张讲台，一支粉笔，一块黑板”的传统手段。采用灵活适用的手段，提高培训质量，是我们培训中考虑的重要内容。

①采用多媒体教育的方式。安全教育多媒体教程可采用计算机和投影相结合的方式，内容应以声、像、动画相结合的为主要体现模式；②广泛的、连续的教育方式。利用安全知识竞赛、演讲会、研讨会、座谈会等多种形式进行广泛的教育，还可以利用标语、板报等宣传工具进行长期教育；③集中制作成安全宣传展板，利用板报、安全读物、幻灯片和电影等形式进行安全宣传，能够营造一个良好的氛围，有一定的效果，应长期坚持；但同时也存在一定的缺陷，不能起到“一把钥匙开一把锁”的作用，不能具体指出每个工人克服危险因素的关键所在；④安全竞赛及安全活动。许多企业开展“百日无事故竞赛”“安全生产 ×× 天”等多种形式的活动，把安全竞赛列入企业的安全计划中去，在车间班组进行安全竞赛，对优胜者给予奖励，可以提高职工安全生产的积极性。当然，竞赛的成功与否不在于谁是优胜者，而在于降低整个企业的事故率；⑤展览及安全出版物展览是以非常现实的方式，使工人了解危害和怎样排除危害的措施，体现安全预防措施和实用价值。展览与有一定目的其他活动结合起来时，可以得到最佳效果。安全出版物涉及的问题较为

广泛。例如，定期出版的安全杂志、通讯、简报，新的安全装置介绍、操作规则等方面的调查和研究成果，以及预防事故的新方法等。安全宣传资料的其他形式还有小册子和传单、安全邮票上的图示和标语等；⑥充分发挥劳动保护教育中心和教育室的作用。20 世纪 80 年代以来，各省、自治区、直辖市劳动部门先后建立了一些劳动保护教育中心，各行业、企业也建立了劳动保护教育室，这是开展安全知识教育、交流安全生产先进经验的重要场所，须采取多种形式，充分发挥劳动保护教育中心和教育室的作用，推动安全教育进一步发展。

除了上述的方法外，还有许多进行安全宣传教育的方法。例如，师父带徒弟，现场教学；签定安全生产合同，作为安全生产目标管理的一部分；等等。

（四）安全生产教育培训考核

考核是评价培训效果的重要环节，依据考核结果，可以评定员工接受培训的认知的程度和采用的教育与培训方式的适宜程度，也是改进安全与培训效果的重要反馈渠道。

1. 考核制度

应设置完备的考核制度，如签到、签退、回答问题、闭卷考试、补考制度等。建立安全教育档案，并与奖罚挂钩。

2. 考核的形式

（1）书面形式开卷

这种考试形式对考场纪律要求不严，在监考教师不多的情况，是一种较好的选择。考试环境相对宽松，考生心理相对比较放松。适宜普及性培训的考核，如针对一般性操作工人的安全教育培训。

（2）书面形式闭卷

这种形式试题的质问角度比较简单，多数是能从书面上直接找到答案的问题，这种考试形式有利于考查考生的识记、理解和应用能力，也是对考生多方面基本能力素质的考查。适宜专业性较强的培训，如管理人员和特殊工种人员的年度考核。

（3）计算机联考

计算机联考是将试卷按系统实现方法，编制好计算机程序，并放在企业局域网上，公司管理人员或特殊工种人员可以通过在本地网或通过远程登录的方式在计算机上答题。

（4）现场技能考核

这种方式以现场操作为主，然后参照相关标准对操作的结果进行考核。由于施工技术特点的需要，这种方式是其他考试形式无法替代的。

（五）安全生产教育培训评估

开展安全培训效果评估的目的，是为改进安全教育与培训的诸多环节提供信息输入。评估主要从间接培训效果、直接培训效果和现场培训效果三个方面来进行。

1. 间接培训效果

主要是在培训完后通过问卷的方式，对培训采取的方式、培训的内容、培训的技巧方面进行评价。

2. 直接培训效果

评价依据主要为考核结果，以参加培训的人员的考核分数来确定安全教育与培训的效果。

3. 现场培训效果

主要以在生产过程中出现的违章情况和发生的安全事故的频数来确定培训效果。

参考文献

[1] 高向阳 . 建筑施工安全管理与技术 [M]. 北京：化学工业出版社，2016.

[2] 青光绪，刘曦群，陈正勇 . 建筑施工安全管理手册 [M]. 北京：中国建筑工业出版社，2016.

[3] 孙超 . 建筑施工安全百问百答 [M]. 北京：中国劳动社会保障出版社，2016.

[4] 张建设 . 建筑施工安全管理实证研究 [M]. 郑州：郑州大学出版社，2016.

[5] 姚刚 . 高等教育土建类专业规划教材 · 卓越工程师系列 · 建筑施工安全 [M]. 重庆：重庆大学出版社，2017.

[6] 聂春龙 . 建筑施工安全监理 [M]. 北京：人民交通出版社，2017.

[7] 夏蕊芳 . 建筑施工的安全管理与实践 [M]. 长春：吉林大学出版社，2017.

[8] 董建明，慕俊华，管志红 . 工程施工与建筑安全管理 [M]. 北京：九州出版社，2017.

[9] 王波，陈晓平，任海英 . 建筑工程管理与施工安全 [M]. 长春：吉林科学技术出版社，2017.

[10] 徐玉飞，陈界羽，邱峰 . 建筑施工脚手架安全技术标准 [M]. 北京：中国建筑工业出版社，2017.

[11] 徐一骐 . 建筑工程施工重大安全隐患防治 [M]. 北京：中国建筑工业出版社，2017.

[12] 步向义 . 建筑施工安全监理 [M]. 北京：知识产权出版社，2018.

[13] 黄锐锋 . 建筑施工安全要点图解 [M]. 北京：中国建筑工业出版社，2018.

[14] 郎志坚，孙学忱 . 建筑施工安全隐患通病治理图解 [M]. 北京：中国建筑工业出版社，2018.

[15] 陈炳泉 . 高温季节建筑施工安全健康 [M]. 北京：中国建筑工业出版社，2018.

[16] 汪磊 . 基于 BP 神经网络在建筑施工安全评价的研究 [M]. 哈尔滨：哈尔滨工业大学出版社，2018.

[17] 贾虎 . 图解建筑工程安全文明施工 [M]. 北京：化学工业出版社，2018.

[18] 毕昆鹏 . 建筑施工质量控制与安全管理探究 [M]. 吉林科学技术出版社，2019.

[19]王炜，张力牛，陈芝芳.建筑工程施工与质量安全控制研究[M].文化发展出版社，2019.

[20] 那然 . 建筑施工特种作业安全基础知识 [M]. 北京：中国建材工业出版社，2019.

[21] 郭中华，尤完 . 建筑施工生产安全事故应急管理指南 [M]. 北京：中国建筑工业出版社，2019.

[22] 宋大成 . 安全生产专业实务精讲精练 · 化工、建筑施工及道路运输安全技术 [M]. 北京：中国电力出版社，2019.

[23] 于海祥 . 工程建设标准宣贯培训系列丛书 · 建筑施工易发事故防治安全图解 [M]. 北京：中国建筑工业出版社，2019.

[24] 任宇飞 . 广东省建筑施工企业安全生产管理人员考核题库及模拟试卷 [M]. 武汉：华中科技大学出版社，2019.

[25] 曹一鸣 . 建筑施工企业项目负责人（B 类）安全生产考核 [M]. 北京：中国建筑工业出版社，2019.

[26] 张燕娜 . 建筑施工特种作业人员安全培训系列教材 • 物料提升机安装拆卸工 [M]. 北京：中国建材工业出版社，2019.

[27] 温旭宇 . 建筑施工特种作业人员安全培训系列教材塔式起重机司机 [M]. 北京：中国建材工业出版社，2019.

[28] 曹洪印 . 安全生产专业实务（建筑施工安全）考前冲刺试卷（2020 版中级）[M]. 北京：中国人事出版社，2020.

[29] 夏红春，禄利刚，孙明利 . 建筑施工安全导论 [M]. 北京：中国水利水电出版社，2020.

[30] 李英姬，王生明 . 建筑施工安全技术与管理 [M]. 北京：中国建筑工业出版社，2020.